读源码 学架构

源码 架构

系统架构师思维训练之道

郝佳◎著

人民邮电出版社

北　京

图书在版编目（CIP）数据

读源码学架构：系统架构师思维训练之道 / 郝佳著
. -- 北京：人民邮电出版社，2022.6（2024.5 重印）
ISBN 978-7-115-59055-8

Ⅰ．①读… Ⅱ．①郝… Ⅲ．①软件设计 Ⅳ.
①TP311.5

中国版本图书馆CIP数据核字（2022）第052657号

内 容 提 要

本书以软件架构师的能力培养为切入点，结合作者在过去 10 多年的工作中积累的经验，介绍了一名合格甚至优秀的架构师应该具备的能力。

本书分为 4 篇，总计 9 章，基本涵盖了大部分生产环境下的系统设计原则以及方案。本书主要内容有基本设计原则、轻松应对后续的变化、优雅地暴露内部属性、复杂逻辑的拆解与协同、复用的人性化设计、屏蔽外部依赖的防火墙设计、事件的分散性与协议化封装、基于 Reactor 模式的系统优化、代码边界的延伸——善用SDK。

本书尽管内容篇幅短小，但是信息量相当密集。本书适合具有一定编程经验，在业务上仍然有追求，希望能晋升为软件架构师的软件开发人员阅读。同时，对设计模式感兴趣的初级开发人员，可以通过本书掌握与架构设计相关的知识。

◆ 著　　　　郝　佳
责任编辑　傅道坤
责任印制　王　郁　胡　南
◆ 人民邮电出版社出版发行　　北京市丰台区成寿寺路 11 号
邮编　100164　电子邮件　315@ptpress.com.cn
网址　https://www.ptpress.com.cn
北京七彩京通数码快印有限公司印刷
◆ 开本：800×1000　1/16
印张：15　　　　　　2022 年 6 月第 1 版
字数：250 千字　　　2024 年 5 月北京第 6 次印刷

定价：69.90 元
读者服务热线：(010)81055410　印装质量热线：(010)81055316
反盗版热线：(010)81055315
广告经营许可证：京东市监广登字 20170147 号

作 者 简 介

　　郝佳，前阿里巴巴高级架构师，现硕磐智能首席架构师，一直专注于中间件领域与数据服务领域的研究和开发；擅长系统的性能优化、系统设计与大数据服务处理，热衷于研究各种优秀的开源框架，尤其对 Spring、MyBatis、JMS、Tomcat 等源码有深刻的理解和认识；拥有 4 项技术专利，写作出版的畅销书《Spring 源码深度解析》深受读者好评。

前　言

代码设计的重要性

很多开发人员总是抱怨自己平时接触不到大平台、核心业务以及复杂技术，大部分工作都是做增删改查，因此也自嘲自己是 CRUD Boy。其实，他们在接触过一些大平台、核心业务和相当牛的中间件技术之后，就会发现里面的技术含量也没有多少。相反，它们的设计确实相当优秀。比如 Spring，从技术上来说，真的没什么深度，但它的设计却非常值得我们去学习、研究。

在日常的开发中，增删改查不可避免。大家千万不要觉得增删改查很简单。在很多情况下，由于业务的持续性以及复杂性，持续且长久的增删改查操作会让原本清爽的代码臃肿不堪。很多开发人员都对别人写的烂代码抱怨过。其实，任何项目在第一次上线时都很优雅——因为需求明确，开发时间相当充裕。但是，随着后续项目需求的变更、开发时间的挤压，开发人员不得不快速修改代码进行应对。这样一来，就会破坏项目的原有结构，久而久之，代码也就臭不可闻。

与普通的开发人员不同，优秀的架构师在面对需求多次变更的时候，可以通过架构设计来游刃有余地处理和应对。而这就是架构设计的能力与魅力。

无论是软件的架构设计还是代码实现，只要遵循有效和明确的设计原则，就可以保证系统开发快速落地，保证开发的系统具有足够的灵活性和可靠性。这样开发的系统，在后期能灵活地应对各种新增需求，简化系统的扩展与维护，也可以避免开发人员无效率地加班。

开发人员的能力不同，设计开发出来的系统在生命周期、稳定性与可维护性等方面也不相同。但是，这些方面在项目开发中却起着至关重要的作用。

在阿里巴巴的职业体系中，有技术专家和架构师这两个看起来相差不多的职位。但是，技术专家更偏向于解决软件开发中的疑难杂症，偏重于某个技术领域的深度。而架构师更偏向于技术的广度，架构师需要具备多种能力：部署、设计、稳定性、效率、规模化、用户体验、平台化、容灾、资源成本控制、业务抽象、领域建模……

但是，对于架构师来说，系统设计能力是最基础也是最不可或缺的能力。对于一些大型的项目来说，它们不可能指望一个人来完成。那么，顺畅、高效地协同所有项目相关人员，完成整个项目的开发，就是一门很深的学问，也有很多的方法。单从代码设计层面来说，架构师就需要能从宏观上梳理系统的体系（即系统掌控能力），并在代码设计中进行体现。

系统掌控能力

系统掌控能力，不是指编码规约、命名规范，也不是告诉你如何优雅地命名，更不是告诉你如何优雅地进行非空判断。

所谓的系统掌控力，是你对需求的把控程度，是你能够通过代码层面的设计以及规范来保证系统架构不被一些新人破坏，保证无论参与开发的人员具有怎样的水平、对应的需求多么复杂多变，都能让整体风险可控，且不同模块以及不同开发人员之间互不影响，都能让系统可维护、可复用、可扩展，并具有足够的灵活性。

架构师成长之路

对于架构师来说，他的工作是最终确认和评估系统需求，给出开发规范，然后搭建系统实现的核心构架，并澄清技术细节，扫清主要难点。在项目开发中，架构师是一个非常核心且非常重要的角色。

如何从单纯的编码人员成长为一位合格的架构师，这是一个比较大的话题。对于架构师而言，需要考虑的因素很多。他除了要具备深厚的编码功底外，系统设计能力是一个很重要的因素。

对于编码人员来说，系统设计能力也是在其初级阶段相对容易培养的能力。例如，怎么解决复杂的问题，怎么应对复杂的需求，这些问题和需求在代码实现上是怎么体现的。这些都属于系统设计能力的一部分。

对于处于技能成长初级阶段的开发人员（比如应届毕业生、只有两三年工作经验的开发人员）来说，技术的广度才是他们在这个阶段该追求的。当年我在读书的时候就梦想成为一名架构师，并为此阅读了一些与架构师相关的图书。遗憾的是，在不同的成长阶段，对架构师的理解是不一样的。当时我被各种类似"换位思考、同事配合、组织事件风暴、组织站会、周会"等理念狂轰乱炸，但我觉得这些东西太虚了，一点用处也没有。

在那个阶段，我觉得只有技术层面的提升才能给我带来满足感。比如，JVM、垃圾回收算法、操作系统、框架源码等，我掌握得越多，满足感也就越大。尽管当时我对自己的技术特别自信，但是经常也会有这样的感受：自己设计的代码接口比较混乱、代码耦合较为严重、一个类中的代码过多，等等。而且，自己开发的代码除了能够炫技之外，并不能很好地应对工作中的要求。

如今，我经常会遇到这样一些比较优秀的应届毕业生或只有两三年经验的开发人员，他们的技术很扎实，自己也写了不少代码，做了不少项目，但是他们写的代码质量真的不敢恭维，毫无设计可言。究其根本，他们并不具备设计能力。

说到设计能力，很多人都会将设计能力和设计模式的掌握联系在一起。但是从我过去的面试经验来看，无论是应届生还是资深开发人员，大部分面试者都对设计模式了如指掌，因为在面试时这些内容有很大的概率会被问到，所以他们都会精心准备。然而从开发实践来看，"对设计模式了如指掌"和"写出一手好代码"这两者之间似乎没什么必然的联系。

在经过思索之后，我觉得大致是下面的原因所致。

- ○ 设计模式一般是对特定场景的抽象，但是真正的生产过程中遇到的问题往往比较多样化，需要将多个设计模式混在一起才能实现最佳的设计方式。如果刻意、生硬地去套某种设计模式，往往会使代码显得格格不入。

- ○ 现实中存在浮躁、过度设计倾向等因素，因此设计出来的编码逻辑可能过于复杂或者达不到预期的效果。

- ○ 现实中的系统设计往往比设计模式中的场景更复杂、更庞大。

所以，本书以架构师的能力培养为切入点，将我在过去 10 多年的工作中遇到的问题进行抽象，并作为示例呈现给读者。希望读者在阅读本书时，能遵循下面这一系列步骤，通过抛出问题、分析问题、解决问题的闭环方式，做到知其然知其所以然，从而快速成长为一名合格甚至优秀的架构师。

步骤 1. 通过示例抛出问题

步骤 2. 分析问题

步骤 3. 在优秀的源码中寻找答案

步骤 4. 抽象源码中的设计理念

步骤 5. 示例的设计优化

本书以设计原则为基础，但是不强调死记硬背设计原则，而是偏重于对设计原则的理解以及运用，并尽可能地接近实战，以帮助读者迅速掌握灵活运用设计原则来处理各种问题的技能。

本书内容

全书各章内容的分布如下图所示（注：该图是按照作用于系统中的位置来绘制的。比如，SDK 以及防火墙用于系统外围的设计，内部属性暴露等用于系统内核的设计）。

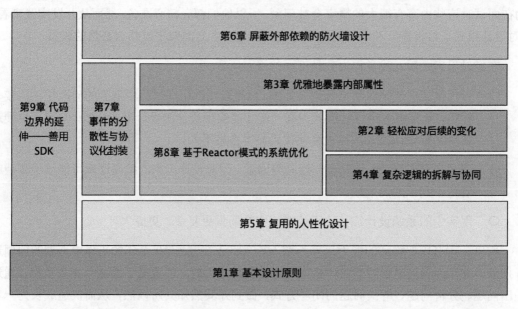

本书共分为 4 篇：基础篇、主流程设计篇、组件篇、对外篇。这 4 篇基本上覆盖了大部分生产环境下的系统设计。

○ **基础篇**

第 1 章，基本设计原则：介绍了六大设计原则——单一职责原则、开闭原则、依赖倒置原则、里氏替换原则、迪米特法则、接口隔离原则，并通过不同的场景来列举六大设计原则的背后原理、相应的思考以及使用场景。

○ **主流程设计篇**

第 2 章，轻松应对后续的变化：在设计主流程时，如果能拆分出主流程与分支流程，那么优先使用 PostProcessor 机制，先固化主流程。因为在通常情况下，主流程的变化是低频、稳定的。同时，通过预留的扩展点与主流程配合，通过对上下文参数的扩展传递以及返回结果对主流程走向的影响，不断地对主流程所能提供的功能进行完善，扩大功能覆盖面，可以灵活应对各种场景。

第 3 章，优雅地暴露内部属性：在考虑开闭原则时，程序要尽量做到高可扩展，因此很多时候就不得不考虑分布在函数内部以及类上的属性暴露问题。Aware 机制提供了优雅的属性暴露方式。通过 Aware 方式进行属性暴露，可以解耦对属性生产类的依赖，使得开发人员更专注属性本身，且让属性的使用更简单，扩展性更强。

第 4 章，复杂逻辑的拆解与协同：在很多情况下没有办法区分主流程以及分支流程。比如，没有办法一次性确定主流程，或者说逻辑过于复杂，需要不同的模块协同处理。此时，基于 PipeLine 的管道模式设计或许是个不错的办法。

○ **组件篇**

第 5 章，复用的人性化设计：抽象是开发人员不得不考虑的问题。在持续的业务支持过程中，经常会产生大量的公共类以及公共代码，甚至代码中不得不冗余大量的胶水代码。通常，应对这种情况最简单的办法是将这些公共类以及公共代码抽象成工具类或者回调函数来解决。但是，如果大量的回调函数出现得比较频繁，也会影响到代码的可读性。这时，可以考虑将冗余代码封装并通过注解方式暴露，从而提高代码的可读性，降低使用的复杂度。

○ **对外篇**

第 6 章，屏蔽外部依赖的防火墙设计：软件开发行业发展到现阶段，尤其是最近微服务的流行，系统在很多情况下不得不依赖于外部系统。但是，由于外部系统对当前系统来说是一个黑盒，它的稳定性完全通过其提供方来保障，因此存在巨大的不确定因素，而且一旦处理不好就会引起服务的雪崩效应。所以，有必要构建一层防火墙。本章在设计防火墙时进行了不同层次的过滤，并在防火墙的实现上进行了职责拆分（每一层都有特定的职责）以保证逻辑上的不耦合。

第 7 章，事件的分散性与协议化封装：在对系统进行扩展时，不可盲目地全部通过 PostProcessor 机制来实现，我们要在适合的场景进行适合的封装。例如，在使用 PostProcessor 机制后再通过 Aware 机制传递出属性或者消息，这样可以在扩展功能层面实现二次业务的类型聚合，而不是将所有逻辑都并排在 PostProcessor 中。如果将所有的业务类型都基于 PostProcessor 方式罗列扩展，会使得业务极为散乱，难以维护。

系统扩展有很多方式，当系统扩展能与主流程形成相互独立的两条线的时候，大部分情况下都会采用发布订阅的事件监听机制。然而，如果业务的处理在大多数情况下都会覆盖主流程不同阶段的事件，则一般将主流程不同阶段的事件进行封装，从而让用户更为聚焦于关注点本身，以免在很多事件中挑选关注点，从而简化操作（这或许是 Aware 机制的延伸或者升级）。

第 8 章，基于 Reactor 模式的系统优化：在系统开发的过程中，难免会遇到系统阻塞的情况，这些阻塞可能来自于系统文件读取、远程调用等。如果我们不关注性能，则可能采用的办法就是直接调用，或者采用异步任务队列，逐渐处理队列中的任务，直到结束。然而，在很多情况下我们需要更高的吞吐量来应对服务请求，此时就要将同步的请求进行拆解，以免在同步处理请求期间因阻塞而带来的线程资源的浪费。

Reactor 模式提供了不错的解决方案，它通过引入事件循环器 EventLoop，将同步流程打散为离散事件，并通过 EventLoop 与 AppWorker 的配合隔离了阻塞调用，从而保证了计算类型任务的效率。本章提供了不同场景的解决方式，包括原生阻塞场景的处理、远程系统调用场景的处理，以及无法异步协同的阻塞场景的处理。

第 9 章，代码边界的延伸——善用 SDK：系统在对外提供服务时有 API 和 SDK 这两种方式，尽管可以通过各种方式、各种手段来优化服务器，但是也不能忽略 SDK 带来的益处。合理利用 SDK 来分摊服务器的压力，可以帮助将服务器的性能发挥到极致，极大地增加系统的吞吐量。

所以，在设计中需要仔细评估 SDK 带来的优势与影响，要尽可能利用 SDK 的优势，尽量屏蔽 SDK 的劣势，从而给出最佳设计方案。

本书读者对象

本书适合技术不错、有一定编程经验，但是在系统设计上能力偏弱，且编码不优雅、开发的程序具有较差的维护性、代码经常需要重构的软件开发人员阅读。同时，对设计模式感兴趣的初级开发人员、应届毕业生来说，也可以通过本书的学习掌握与架构设计相关的知识。

致谢

本书的写作过程相当痛苦，持续时间也远远超出了我的想象，很幸运我能坚持下来。在这里，感谢我的妻子、儿子，由于大部分时间都用来写作，缺少对你们的陪伴。正是因为妻子的包容理解、儿子的懂事，让我更为坚定地持续前行。也要感谢爸爸妈妈，虽然他们不知道我每天在忙忙碌碌地写些什么，但是他们依然对我表示出了始终如一的支持与鼓励。

联系作者

本书在写作过程中遵循"够用就好"的原则，所有观点都出自作者的个人见解，因此疏漏、错误之处在所难免，欢迎各位读者指正。大家如果有好的建议，或者在学习本书的过程中遇到问题，可发送邮件到 haojia_007@163.com，大家一起交流进步。

在看得见的地方学习知识，在看不到的地方学习智慧。祝愿大家在成为架构师的道路上顺风顺水。

资源与支持

本书由异步社区出品，社区（https://www.epubit.com/）为您提供相关资源和后续服务。

提交勘误

作者和编辑尽最大努力来确保书中内容的准确性，但难免会存在疏漏。欢迎您将发现的问题反馈给我们，帮助我们提升图书的质量。

当您发现错误时，请登录异步社区，按书名搜索，进入本书页面，单击"提交勘误"，输入勘误信息，单击"提交"按钮即可。本书的作者和编辑会对您提交的勘误进行审核，确认并接受后，您将获赠异步社区的 100 积分。积分可用于在异步社区兑换优惠券、样书或奖品。

扫码关注本书

扫描下方二维码，您将会在异步社区微信服务号中看到本书信息及相关的服务提示。

与我们联系

我们的联系邮箱是 contact@epubit.com.cn。

如果您对本书有任何疑问或建议，请您发邮件给我们，并请在邮件标题中注明本书书名，以便我们更高效地做出反馈。

如果您有兴趣出版图书、录制教学视频，或者参与图书技术审校等工作，可以发邮件给本书的责任编辑（fudaokun@ptpress.com.cn）。

如果您来自学校、培训机构或企业，想批量购买本书或异步社区出版的其他图书，也可以发邮件给我们。

如果您在网上发现有针对异步社区出品图书的各种形式的盗版行为，包括对图书全部或部分内容的非授权传播，请您将怀疑有侵权行为的链接通过邮件发给我们。您的这一举动是对作者权益的保护，也是我们持续为您提供有价值的内容的动力之源。

关于异步社区和异步图书

"异步社区" 是人民邮电出版社旗下 IT 专业图书社区，致力于出版精品 IT 技术图书和相关学习产品，为作译者提供优质出版服务。异步社区创办于 2015 年 8 月，提供大量精品 IT 技术图书和电子书，以及高品质技术文章和视频课程。更多详情请访问异步社区官网 https://www.epubit.com。

"异步图书" 是由异步社区编辑团队策划出版的精品 IT 专业图书的品牌，依托于人民邮电出版社的计算机图书出版积累和专业编辑团队，相关图书在封面上印有异步图书的 LOGO。异步图书的出版领域包括软件开发、大数据、AI、测试、前端、网络技术等。

异步社区

微信服务号

目　　录

第1章
基本设计原则

01

所有的能力都有章法可循，设计能力也是一样。有人觉得设计能力的章法就是设计模式，我不敢苟同。设计能力的核心是考验你对设计原则的掌握程度和熟练程度，而设计模式只是验证你掌握的程度而已。

其实，一种能力的体现应该是潜意识的，刻印在脑子里的，就像大家在说话的时候从不会考虑自己说的这句话的主语、谓语、宾语都是什么，以及语法是否正确。设计能力也是一样。在代码设计的过程中，哪怕从未考虑过需要什么样的设计模式，设计出来的代码也并不一定是不好的设计。设计模式不是这种有一定标准需要大家去遵循的 UML，它仅仅是一种参考，没人在乎你是否严格地按照设计模式的观点来进行设计；反过来，过度地遵循设计模式会使你设计出来的代码死板、冗余、臃肿。

我们要做的是根据现实的需求与场景，设计出最佳的模式，而这背后考验的是我们对设计原则的理解。

所以，设计原则是基础，它很重要。在理解了设计原则后，才会知道设计模式中所提到的各种场景为什么需要这样的设计。而且，这种思路是相通的，在后续章节中，不管是开源代码还是示例代码，这些代码为什么这么写、它们到底好在哪里，全都是基于相同的思路与考虑。所以大家一定要一遍一遍地阅读本章的示例，一定要很清晰地知道每个设计原则以及它背后的思考，甚至把所有的设计原则刻印在脑子里，做到了然于胸，这样才能在后续的章节中找到感觉。

设计原则包括六大设计原则，分别是单一职责原则、里氏替换原则、接口隔离原则、迪米特法则、依赖倒置原则、开闭原则，如图 1-1 所示。

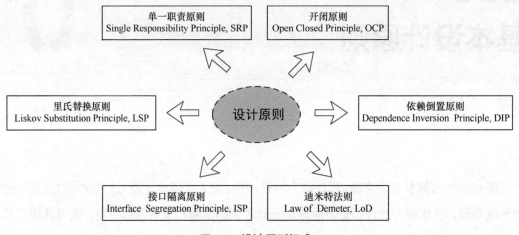

图 1-1　设计原则组成

1.1　单一职责原则

1.1.1　简述

单一职责原则（Single Responsibility Principle，SRP），即一个类被改变的原因不能超过一个。也就是说，一个类只有一个职责。如果职责过多，代码就会臃肿，其可读性将变差，维护难度也将增大。来看一个示例：

原始示例

类 T 负责两个不同的职责：职责 P1+职责 P2。当由于职责 P1 的需求发生改变而需要修改类 T 时，有可能会导致原本运行正常的职责 P2 的功能发生故障。

遵循单一职责原则后，情况如下：

单一职责改进

　　分别建立 T1、T2 两个类，使 T1 完成职责 P1 的功能，T2 完成职责 P2 的功能。这样，当修改类 T1 时，不会使职责 P2 发生故障风险；同理，当修改 T2 时，也不会使职责 P1 发生故障风险。

所以，遵循单一职责会带来下面一系列好处。

　　○　提高类的可维护性和可读性

一个类的职责少了，复杂度就会降低，代码也会减少，可读性也会提升，可维护性自然就提高了。

　　○　提高系统的可维护性

系统是由类组成的，每个类的可维护性越高，相对来讲整个系统的可维护性也就越高。

　　○　降低变更的风险

在架构设计时，变更是难以避免的。如果单一职责原则遵守得好，当修改一个功能时，可以显著降低对其他功能的影响。

通俗来说，就是类越复杂，被复用的可能性就越小，代码的变动就越可能引入意想不到的错误。

1.1.2　示例

我们通过一个详细示例来描述单一职责的使用场景与优势。首先来看原始需求：

动物园演出需求

　　动物园需要构建一个动物演出系统，该系统需要罗列出所有的动物，并且保证动物按顺序逐个演出。

于是，基于需求，构建如下所示的示例代码：

动物园演出模块代码

```java
public class Perform {

    /**
     * 动物园表演
     */
    public void perform(){
        List<Animal> animalList=listAnimal();

        for(Animal animal:animalList){
            animal.perform();
        }
    }

    /**
     * 获取动物园动物清单
     * @return
     */
    private List<Animal> listAnimal(){

        List<Animal> animalList=new ArrayList<>();
        animalList.add(new Animal("狮子"));
        animalList.add(new Animal("海豹"));
        animalList.add(new Animal("盒马"));
        return animalList;

    }
}
```

上面的代码看起来似乎没什么问题。虽然没什么设计感，但是也中规中矩地将需求转换为代码实现。

插入一句题外话，对于程序员来说，其实可以分为下面两类。

○ 漏斗型程序员：单纯地将需求转义为代码，需求什么样，代码就是什么样。

○ 设计型程序员：会有自己的思考，会根据经验判断出可能存在的需求变更，并结合自己的经验进行设计。

显然，上面的代码就是典型的漏斗型程序员的作品。

假如一旦追加新的需求，例如：

新追加需求

1. 有时候会有隔壁动物园的动物参与。
2. 小体积的动物在前面表演，大体积的动物在后面表演。
3. 表演超过 15 分钟时要有提醒。

那么，漏斗型程序员会按照上面的需求进行直接修改，代码可能会变成下面这样：

漏斗型转义代码

```java
/**
 * 动物园表演
 */
public void perform(){

    List<Animal> animalList=listAnimal();
    //加入动物合并逻辑——有时候隔壁动物园汇演，会有隔壁动物园的动物参与

    //加入排序逻辑——小体积的动物在前面表演，大体积的动物在后面表演

    for(Animal animal:animalList){
```

```
        //加入提醒逻辑——表演超过 15 分钟要有提醒

        animal.perform();

    }

}
```

这种代码的问题是什么？随着需求的增加，这段代码的逻辑会越来越臃肿，复杂度越来越高，维护也越来越困难，最终导致轰然崩塌而不得不重构。最重要的是，代码中没有任何设计，后续的维护人员即使意识到了问题，也很难进行切入和优化。

其实，写代码与做事情的逻辑是一样的。随着年龄以及经验的增长，大部分程序员都会成为团队的核心主力，负责的事情也会越来越复杂。在这种情况下，你是喜欢所有事情都亲力亲为呢，还是更愿意调动所有人一起来完成项目呢？

显然，人的精力有限，如果所有的事情都亲力亲为，终究有一天会顶不住压力，出现问题。所以在大型互联网公司，每个人都有明确的分工——前端、后端、测试、架构……

程序设计也是一样，如果使用一个类来处理所有的逻辑，那么势必会造成这个类的臃肿。所有的逻辑、需求的变更都集中在这一个类中，终究有一天导致这个类会变得不可维护。而解决的办法只有一个：明确分工、各司其职，也就是所谓的单一职责。

回到当前的示例中，其实可以抽象出下面 4 个职责，如图 1-2 所示。

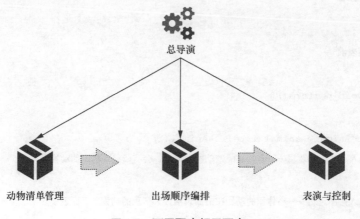

图 1-2　不同职责相互配合

- 动物清单管理：负责管理所有动物的增删改查。

- 出场顺序编排：负责编排动物的出场顺序、出场规则。

- 表演与控制：负责调度及管控动物的表演。

- 总导演：驱动上面的职责全部实现。

下面按照上述设计再来推演上面的需求，会发现：

- 不同的需求变更会分散到不同的服务类中，这样一来，相对于每次都变更同一个类，出错概率会大大降低；

- 由于不是站在全局视角，每个服务类只关注当前逻辑的小闭环，因此复杂度大大降低，变更的验证与测试范围也更小；

- 逻辑的拆分更适合程序的并行开发，可避免共同提交造成的冲突。

下面将变更被分散到不同的职责上，如图 1-3 所示。

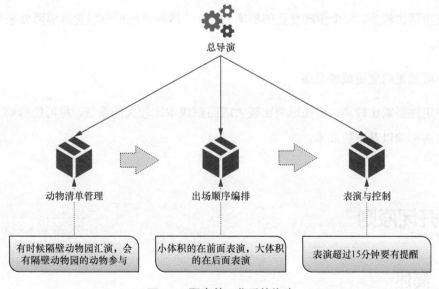

图 1-3　职责单一化后的修改

1.1.3　小结

单一职责站在系统可维护的视角，提醒设计者实时关注系统的可维护性，避免将大量的逻辑混杂在一个类中，从而导致类的臃肿与不可维护。然而，设计者在设计过程中，很难把控单一职责的度。

这里以打扫卫生为例。在家里，通常一个人就够了：扫地、洗衣服、擦玻璃……逻辑很简单。然而，在学校里打扫卫生就不一样了。由于学校很大，涵盖教室、操场、走廊、黑板……因此在学校里打扫卫生的工作量很大。一般要将学生分成几组，并让他们各司其职。

架构设计也是一样。至于如何确定这个单一职责的度，可参考如下经验做法。

　　○　核心功能或者主流程框架

通过职责的分散把不可预见的变更尽可能分散到其他职责中，以尽可能保证主流程的稳定性。主流程更多的是负责框架性的组装与职责类的整合。

　　○　复杂的逻辑

处理步骤比较多，每个步骤变更的概率比较大。需要通过单一职责拆解降低某个类的整体变更率。

　　○　可预见的变更或者升级

对稳定性要求比较高、问题影响比较大或回归成本比较大的系统，尽可能拆解，以分散变更带来的影响以及维护成本。

1.2　开闭原则

1.2.1　简述

开闭原则（Open Closed Principle，OCP）由勃兰特·梅耶（Bertrand Meyer）提出，是 Java

世界中最基础的设计原则。它可以指导我们如何建立一个稳定、灵活的系统。

开闭原则的定义如下：

"Software entities like classes, modules and functions should be open for extension but closed for modifications."（一个软件实体，如类、模块和函数，应该对扩展开放，对修改关闭）。

一个软件产品只要在生命周期内，都会发生变化。当因为变化、升级和维护等原因需要修改软件的原有代码时，可能会向原有的代码中引入错误，也可能会使我们不得不对整个功能进行重构，并且需要对重构后的代码进行测试。既然变化是一个无法摆脱的事实，而且会给原系统的稳定性带来风险，就应该在设计时尽量适应这些变化，以提高系统的稳定性和灵活性，真正实现"拥抱变化"。

开闭原则告诉我们，应尽量通过扩展软件实体的行为来实现变化，而不是通过修改现有代码来完成变化。开闭原则是为软件实体的未来事件而制定的对现行开发设计进行约束的一个原则。

什么是软件实体呢？软件实体包括以下几个部分：

○　项目或软件产品中按照一定的逻辑规则划分的模块；

○　抽象和类；

○　方法。

为什么一定要遵循开闭原则呢？原因有下面几点。

○　只要是面向对象编程，在开发时都会强调开闭原则

开闭原则是最基础的设计原则，其他 5 个设计原则都是开闭原则的具体形态。也就是说，其他的 5 个设计原则是指导设计的工具和方法，而开闭原则才是其精神领袖。依照 Java 语言的称谓，开闭原则是抽象类，其他 5 个原则是具体的实现类。

○　开闭原则可以提高复用性

在面向对象的设计中，所有的逻辑都是从原子逻辑组合而来，不是在一个类中独立实现

一个业务逻辑。只有这样的代码才可以复用，且代码的粒度越小，被复用的可能性越大。那么，为什么要复用代码呢？因为可以减少代码的重复，避免相同的逻辑分散在多个角落，降低维护人员的工作量。那么，怎么才能提高复用率呢？可以缩小逻辑粒度，直到一个逻辑不可以进一步分解为止。

○ 开闭原则可以提高维护性

一款软件在量产后，维护人员不仅仅要对数据进行维护，还可能需要对程序进行扩展。维护人员最乐意做的一件事是扩展一个类，而不是修改一个类。让维护人员读懂原有代码，再进行修改，是一件非常痛苦和残忍的事情。因此，不要让维护人员在原有的代码海洋中游荡后再修改。

○ 面向对象开发的要求

万物皆对象，我们要把所有的事物抽象成对象，然后针对对象进行操作。但是，万物皆在发展变化，有变化就要有策略去应对。如何做到快速应对呢？这就需要在设计之初考虑所有可能变化的因素，然后留下接口，等待"可能"转变为"现实"。

1.2.2 示例

前文提到，开闭原则是精神领袖，可用来指导其他原则。所以，尽管我们在单一职责中介绍的设计符合单一职责原则，但也并不能保证能够符合开闭原则。这里还是以动物园的示例说起。

动物出场顺序修改需求

在动物园的表演动物中，有马这个角色。然而，马有不同的颜色，这样会使得它们的出场顺序混乱，所以期望按照一定的顺序出场，比如白色先出场，黑色后出场。

因为在单一职责原则中，我们为了降低复杂度以及可维护性进行了职责的拆分，所以，复杂排序的功能由动物清单管理模块来承担。因此只要修改这个类就可以，而且并不会影响到全局。然而，该怎么改呢？或许最为简单粗暴的修改是下面这样。

直接修改代码

```java
/**
 * 对动物进行排序
 * @param animalList
 * @return
 */
public List<Animal> orderAnimals(List<Animal> animalList){
    //先排动物：按照体积大小
    sortAnimals(animalList);

    if(动物中有马){
        //再排序马
        sortHorse(animalList);
    }

    return animalList;
}
```

直接修改或许是最为快速便捷的完成需求的方式，但是却给后续的维护带来了隐患。例如，如果有一天动物园再次追加下面的需求：

追加需求

1. 如果有红马，则红马排在白马后。
2. 每个月都会有对应的动物吉祥物，吉祥物最先演出。
3. 通过网站投票选举出来的最受欢迎的动物优先演出。

......

我们会发现，如果单纯地通过修改代码来完成需求追加或者变更的话，这个类会越来越臃肿，里面会充满各种奇奇怪怪的排序规则，甚至有些规则互斥，有些规则互补。而且，当规则超过了可控数量的时候，这个类基本就不可读了，如图 1-4 所示。

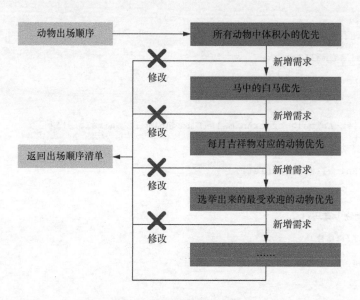

图 1-4　不可控的分支处理

那么，该如何设计呢？由于我们刚刚介绍完单一职责原则，或许大家会按照思维惯性，认为继续按照单一职责进行拆分，比如拆分为负责马类排序的职责类、负责吉祥物优先的职责类、负责动物体积排序的职责类……然而，单一职责原则有个前提，那就是能够对当前以及未来一段时间的职责进行预判以及枚举。我们反过来看现在这个场景，发现各种排序规则的需求并不具备规律性，按照体积、颜色、受欢迎度等职责进行拆分并不能覆盖所有需求，所以这个场景并不合适使用单一职责原则。

面对这样的场景，我们通常会根据需求，抽象出排序的标准化接口，使得模块不依赖于具体的排序规则，而是依赖于排序接口，先形成主逻辑部分的稳定性，而后通过接口衍生出不同排序规则的接口实现类，实现动态扩展，如图 1-5 所示。

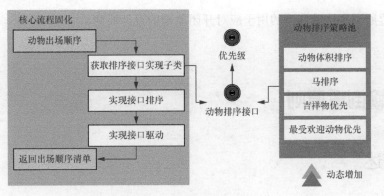

图 1-5　接口隔离细节

这也是接下来要讲解的设计原则之一：依赖倒置原则。

1.2.3　小结

开闭原则是设计原则中最基础的原则，用来保证系统的扩展性。

一个系统只要在生命周期内，就不可避免地要进行修改。在系统的维护过程中，修改原有代码是危险的，因为测试很可能无法覆盖全部的功能点。同时，在多人维护下，后续的维护人员也不愿意花费大量时间去理解之前维护人员的代码并进行修改。因此，理想的系统维护方式就是应对需求变更时只增加不修改，这就是所谓的开闭原则。

应对开闭原则，通常就是利用接口的多态性来屏蔽多种实现的细节，以达到主要部分的稳定性，如图 1-6 所示。

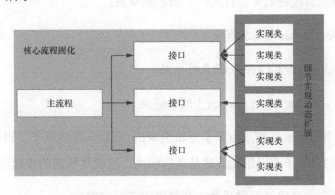

图 1-6　应对开闭原则的常用思路

依赖倒置原则是比较典型的用于应对开闭原则的设计原则。

1.3 依赖倒置原则

1.3.1 简述

依赖倒置原则（Dependence Inversion Principle，DIP）是指设计代码结构时，高层模块不依赖低层模块，底层模块也不依赖于高层模块，两者通过抽象层解耦，如图 1-7 所示。

Robert C. Martin 曾给出了 Bad Design 的定义：

○ 系统很难改变，因为每个改变都会影响其他很多部分；

○ 当对某处进行修改后，系统看似无关的其他部分都不工作了；

○ 系统很难被另外一个应用重用，因为很难将要重用的部分从系统中分离开来。

而导致 Bad Design 的很大原因是高层模块过分依赖低层模块。一个良好的设计应该是系统的每一部分都是可替换的。如果高层模块过分依赖低层模块，一方面一旦低层模块需要替换或者修改，高层模块将受到影响；另一方面，高层模块也很难被重用。

为了解决上述问题，Robert C. Martin 提出了一个解决方案：

在高层模块与低层模块之间，引入一个抽象接口层：

High Level Classes（高层模块）

　　--> Abstraction Layer（抽象接口层）

　　　--> Low Level Classes（低层模块）

其中，每一个逻辑的实现都是由原子逻辑组成的，不可分割的原子逻辑就是低层模块（一般是接口、抽象类），原子逻辑组装后就是高层模块。这就是所谓的依赖倒置原则。

这听起来似乎有点抽象，我们通过一个简单的示例来描述。

正常的思维逻辑是从上到下进行逻辑拆解，就像脑图一样。例如，在图 1-7 所示的示例中，逻辑中的类 A 依赖于类 B 和类 C 的时候，程序自然而然就遵循同样的设计，这种依赖关系称之为向下依赖。

反过来，当类 A 依赖了类 B、类 C，甚至后续可能还会陆续地依赖更多类的时候，就要开始考虑是不是要出抽象一层，让类 A 依赖抽象，而类 B 和类 C 以及后续的依赖都向上继承或者实现抽象。这时从依赖关系看，已经改变为更底层向上依赖并实现抽象层，这种关系称之为依赖倒置。

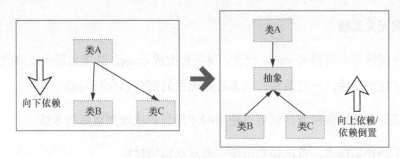

图 1-7　依赖倒置的图形化展示

1.3.2　示例

我们通过简单的设计场景来理解依赖倒置原则。

前文讲到，运用单一职责原则，我们将动物园演出系统划分为很多模块，其中包括动物管理模块，但是这个模块直接依赖了很多动物，例如熊猫、河马……如图 1-8 所示。

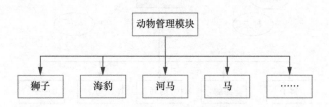

图 1-8　动物管理模块的依赖关系

这种强依赖的设计存在什么问题呢？下面我们来看一下。

○　不可替换性

假如有一天我们期望将动物管理组件拿给另外一个动物园使用，而另外一个动物园的动物、习性、属性等又不相同，但是动物管理组件又强依赖了动物的实例化特性，该怎么办？

○　不可修改性

由于种种原因，想从系统中把大熊猫移除，但发现动物管理组件中到处有对大熊猫的直接依赖（类似于 new 熊猫()这种），一旦移除，会影响很多部分。

○　影响无关系统

马的颜色属性原来用拼音 yanse 代表，现在想改成 color，结果发现无法修改，原因是上层系统依赖了这个属性，一旦改变，很多看似无关的部分都会有问题。

对于这里提到的这些问题，就可以使用刚才提到的依赖倒置原则来解决。

○　对于动物基础类，首次抽象出统一表示动物的抽象。

○　将动物管理模块从直接依赖具体动物改为依赖动物基础类。

○　具体动物依赖于动物抽象进行适配或者实现。

使用依赖倒置原则之后的设计如图 1-9 所示。

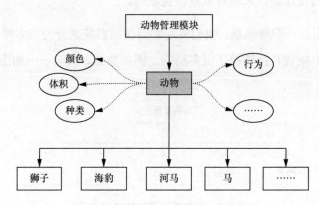

图 1-9　动物管理模块的依赖倒置设计

1.3.3 小结

在几大设计原则中，依赖倒置原则更强调的是边界。通常在设计中，都是从上层模块开始思考，从上到下建立依赖关系。但是，当有大量的细节且细节不可控的时候，依赖倒置原则可免于程序开发人员困在细节中。开发人员可以先用抽象完成上层逻辑闭环，保持核心部分的稳定性，然后再对抽象进行逐步扩展。这样设计的系统就会解耦，并具备可移植性。

Spring 中有一套非常成熟的依赖倒置解决方案：首先定义抽象接口，然后通过接口来解耦接口的使用者和实现类，从而达到动态扩展的目的，如图 1-10 所示。

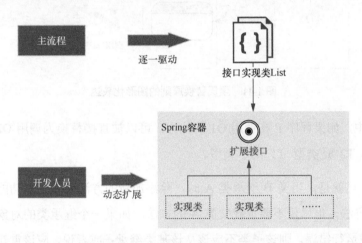

图 1-10　Spring 中的依赖倒置

1.4　里氏替换原则

1.4.1　简述

里氏替换原则（Liskov Substitution Principle，LSP）的官方定义如下：

○ 如果对每一个类型为 T1 的对象 O1，都有类型为 T2 的对象 O2，使得以 T1 定义的所有程序 P 在所有的对象 O1 都代换成 O2 时，程序 P 的行为没有发生变化，那么

类型 T2 是类型 T1 的子类型;

○ 所有引用基类的地方必须能透明地使用其子类的对象。

上述描述有些许学术的味道,不好理解,我们通过图 1-11 来理解上面表达的意思。

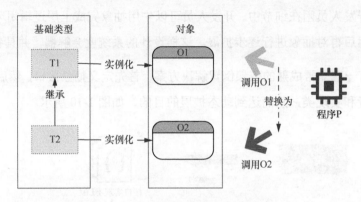

图 1-11　里氏替换原则的图形化表达

在图 1-11 中,如果程序 P 在调用 O1 的地方,可以被直接替换为调用 O2,且逻辑没有发生变化,那么 T2 是类型 T1 的子类型。

更简单的描述就是,当类 B 继承类 A 时,除添加新的方法完成新增功能外,尽量不要重写父类 A 的方法,也尽量不要重载父类 A 的方法。如果一个继承类的对象可能会在基类出现的地方出现运行错误,则该子类不应该从该基类继承;或者说,应该重新设计它们之间的关系。更直白地说,就是任何基类可以出现的地方,子类一定可以出现。

里氏替换原则是继承复用的基石,只有当衍生类可以替换基类,且软件单元的功能不受影响时(即无论基类随便怎么改动,子类都不受此影响),基类才能真正被复用。符合里氏代换原则的类扩展不会给已有的系统引入新的错误。

1.4.2　示例

来看一个很有代表性的例子——系统中抽象了鸟类的特征:有羽毛、有翅膀、会飞行、卵生,且有飞行的行为。然而,在具体实现的时候为了方便,将鸵鸟也继承在了鸟类上。考虑到鸵鸟并不会飞，所以对飞行方法进行了禁用重写，重写的内容是在调用的时候会直接抛出异常，来达到对方法禁用的目的。此外，还扩展出了走路的方法，如图 1-12 所示。

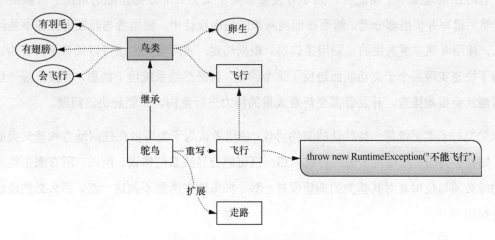

图 1-12　鸵鸟基于鸟类的扩展

尽管鸟类和鸵鸟大部分相似，有很大的交集，但是，为了复用以及快速实现而进行直接继承的话，可能会给系统留下"炸弹"。例如，当系统需要调取鸟类的物种并观测飞行数据时，需要系统驱动所有鸟类的飞行行为。然而，一旦驱动鸵鸟飞行，系统就会抛出异常。这是因为鸵鸟在自己的实现中，改变了基类的行为，导致上层对基类的调用无法被正常使用。

面对这样的情况，要重新设计它们的关系，类似于图 1-13 这样。

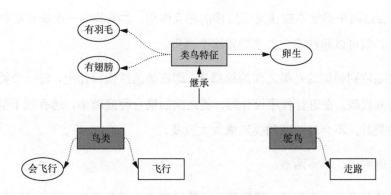

图 1-13　鸵鸟与鸟类关系的重新定义

19

1.4.3 小结

有时在实现某个子功能时，为了方便会在某个父类大部分都匹配的情况下直接继承父类，然后重写并扩展部分类。然而在面向对象的程序设计中，使用者与开发者往往不是同一个人，使用者通常更关注的是通用接口层。根据约定，通用父类应该可以代替子类行为。如果为了快速实现某个子类功能而违反了这个约定，就必然给系统埋下隐患，导致系统一旦出现问题就会很难排查，开发者需要耗费大量的精力进行重构，才能解决该问题。

父类与子类更像是一种默认的契约协议：使用者认为子类可以在任何地方代替父类的行为。如果子类的实现违反了契约协议，那么很可能会导致系统错误。所以，所有派生类的行为功能必须与使用者对其基类的期望保持一致，如果派生类做不到这一点，那么必然违反里氏替换原则。

1.5 迪米特法则

1.5.1 简述

迪米特法则（Law of Demeter，LoD）又称为最少知识法则，即，如果两个类不必彼此直接通信，那么这两个类就不应该发生直接的相互作用。如果其中一个类需要调用另一个类的某一个方法，则可以通过第三方来转发这个调用。

迪米特法则特别强调的是类之间的松耦合，即在类的结构设计上，每一个类都应该尽量降低成员的访问权限。在进行程序设计时，类之间的耦合程度越小，越有利于复用。在修改一个松耦合的类时，不会对关联的类造成太大波及。

迪米特法则强调了以下两点：

❑ 从被依赖者的角度来说，只暴露应该暴露的方法或者属性，即在编写相关的类时确定方法/属性的权限；

○　从依赖者的角度来说，只依赖应该依赖的对象。

1.5.2　示例

动物园中需要统计动物的邻居信息，这必然涉及动物之间的依赖。例如，老虎的邻居是狮子和熊，狮子的邻居是老虎和豹，它们之间的依赖关系如图 1-14 所示。

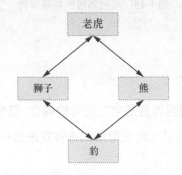

图 1-14　动物邻居的双向依赖设计

基于上面的设计抛出下面两个问题。

○　从依赖角度看，对于老虎来说，依赖了狮子和熊的位置信息，但是，这种直接依赖是否是必须的？

○　从被依赖角度看，对于老虎来说，它又分别是狮子和熊的邻居，这意味着这个对象需要将自己的位置信息暴露给狮子和熊，那么这种方法的暴露是否是必须的？

很明显，这种设计违反了迪米特法则：依赖必要的依赖，暴露应该保留的方法或者属性。于是，可以将设计修改为如图 1-15 所示。

通过引入邻居管理这个中间类，所有动物实体只需依赖邻居管理这个类，自己的位置信息也只暴露给邻居管理这个类即可，从而通过邻居管理来解耦动物之间的直接依赖，达到继续松耦合的目的。这种通过第三方转发来进行解耦以保证实体松耦合的设计方式叫作迪米特法则。

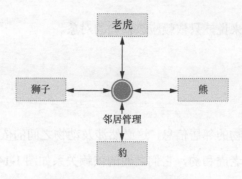

图 1-15　动物邻居的解耦设计

1.5.3　小结

在几大原则中，迪米特法则强调的是类之间的松耦合，避免类与类之间的不必要的依赖。当确实存在某些依赖的时候，可以考虑使用第三方转发来进行解耦，对应的设计模式是中介者模式。

大家都熟悉的 MVC 设计分层就采用了迪米特法则，它使用 C（Controller，控制器）把 M（Model，业务逻辑）和 V（View，视图）隔离开，降低类成员的访问权限，并把 M 的运行结果和 V 代表的视图融合成一个可以在前端展示的页面，从而减少了 M 和 V 的依赖关系，使 M 和 V 处于松耦合状态。

1.6　接口隔离原则

接口隔离原则（Interface Segregation Principle，ISP）表明不应该强迫客户端实现一些它们不会使用的接口，应该把胖接口中的方法分组，然后用多个接口替代它，且每个接口服务于一个子模块。简单地说，就是使用多个专门的接口要比使用单个接口好得多。

来看如图 1-16 所示的例子。

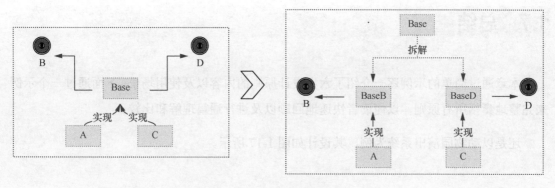

图 1-16 接口隔离原则演变

抽象类 Base 实现了 B 与 D 两个接口,当 A 继承了 Base 的时候,虽然只用到了接口 B 的逻辑,但是却因为 Base 的间接依赖而不得不实现接口 D。此时,对 A 来说接口 D 的逻辑是完全没有必要的,对于 C 也是一样。虽然只用到了接口 D 的逻辑但是却不得不实现接口 B,这就是所谓的接口污染。

对于这种场景,接口隔离原则给出的方案是拆分:将基础类 Base 拆分为 BaseB 和 BaseD,这样 A 继承 BaseB 的时候只需要实现接口 B,而不再需要关注不需要的逻辑,从而保持了接口的纯净。

ISP 的主要观点如下。

○　一个类对另外一个类的依赖性应当建立在最小的接口上

ISP 可以不强迫客户端(接口的使用方法)依赖于它们不用的方法,接口的实现类应该只呈现为单一职责的角色(遵循 SRP 原则)。ISP 还可以降低客户端之间的相互影响——当某个客户端要求提供新的职责(需要变化)而迫使接口发生改变时,影响到其他客户端程序的可能性最小。

○　客户端程序不应该依赖它不需要的接口方法

客户端需要什么接口就提供什么接口,把不需要的接口剔除。这就要求对接口进行细化,保证其纯洁性。

23

1.7　总结

本章通过简单的示例逐一介绍了六大设计原则的内容以及使用场景。下面通过一个示例来完整地囊括所有原则，以便读者快速地回顾以及进行通篇理解和比较。

还是以动物园演出系统为例，其设计如图 1-17 所示。

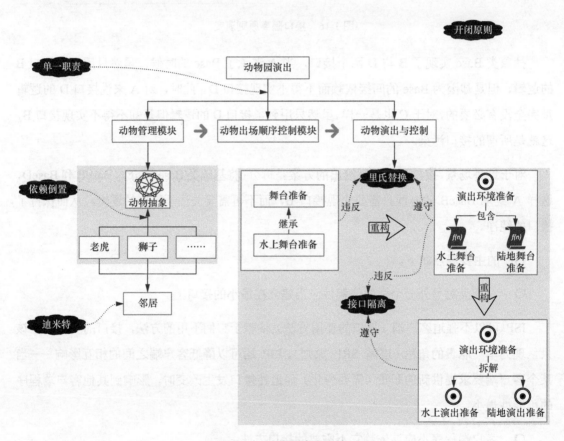

图 1-17　动物园演出系统

○　开闭原则

开闭原则是设计原则的灵魂，是其他设计原则的基础，体现在其他设计原则的各处。

○　单一职责

动物园演出系统包括拉取所有动物、对动物进行演出顺序编排、动物演出场地准备与时间控制等几个比较大的步骤。如果将这些步骤耦合在一个类中，系统将变得极为复杂和臃肿。出于单一职责的考虑，可以将动物园演出系统拆分为动物管理模块、动物出场顺序控制模块、动物演出与控制模块，且不同模块负责不同的职责，并由动物园演出模块进行统一整合与调度。

○　依赖倒置

动物管理模块中需要依赖大量的动物实例，如果直接依赖不同的动物实例，则会给后续的系统复用以及迁移造成影响，所以动物管理模块中抽象了动物基类，对外透出（即对外的接口透出）也使用动物基类。这样，动物管理模块从原来的依赖于具体的动物实例转换为依赖于动物基类，而相关的动物实例则向上依赖于动物基类，这种依赖方向的变化就是依赖倒置。

○　迪米特

在动物园中需要记录动物位置并进行位置相似度的统计，这就必然涉及不同动物之间的依赖。例如，老虎的左邻居是狮子，右邻居是豹等，这样必然会导致系统关系的泛滥。迪米特法则告诉我们，一个对象应当尽可能少地了解其他对象。如果不同的对象之间仅仅因为这个位置需求就建立大量的依赖关系，显然违背了迪米特法则。这时，可以抽象出邻居这个中间类，将不同动物之间的依赖改为依赖邻居这个中间类，在中间类中完成不同动物之间的位置关系管理。这种遵循"类与类之间尽量不直接通信，如果类之间需要通信就通过第三方转发，从而使得对象之间松散耦合"的原则就是迪米特法则。

○　里氏替换

在动物演出前需要进行舞台的准备。在之前的系统实现中，已经构建了舞台准备的类，但是舞台准备中的位置信息是陆地，现在要实现水上舞台的准备。为了复用的最大化，直接构建了水上舞台准备的类，继承了原有的舞台准备的类，并重写了位置信息，但是这将导致后续调用舞台准备的时候，也会调用到水上舞台准备，因此不符合预期。这种"子类继承父类，但是重写了父类的方法，改变了父类的行为，导致在某些情况下调用子类时无法等同于调用父类时"的行为，违背了里氏替换原则。

○　接口隔离

基于里氏替换原则的分析对系统进行重构，抽象出演出环境准备接口，并区分了水上舞台准备和陆地舞台准备这两个方法，然后针对这两个不同的方法进行了拆分，这样子类在实现的时候就不会违背接口的行为了。

假如动物园系统需要被复用到另外一个动物园，而新的动物园并没有水生动物，因此也就不需要水上舞台准备，而是仅需要陆地舞台准备。但是，目前的设计却使得客户端为了实现演出环境准备接口而不得不实现水上舞台准备的方法。这种强迫客户端实现一些它们不会使用的接口的行为称为违背了接口隔离原则。针对这里的情况，通常的做法是进行拆解，例如拆解为水上演出准备和陆地演出准备两个接口，供客户端选择实现。

通过本章的学习，读者能够对设计原则有所了解、逐渐熟悉并了然于胸。本章的示例都非常简单，且主要用于辅助读者对设计原则的理解。在接下来的章节中，我们会针对更复杂的场景进行系统级的设计。你，准备好了吗？

第 2 章

轻松应对后续的变化

02

本章将深挖 Spring 中的 PostProcessor 扩展机制与精髓，来提升我们的系统设计能力。

2.1　抛出问题

早上张三刚来到公司，接到产品经理的一个简单功能需求，如下：

需求

将数据库中存储的文本提取出来并显示在前端组件中。

针对这种简单的功能需求，张三可以类似于肌肉反应那样，立刻给出技术方案。于是，张三直接敲代码并在 1 小时内搞定。该技术方案的核心类代码如下：

数据库文本提取核心代码

```
public class RenderService {
```

```
    @Autowired
    private TextDAO textDAO;


    public String render(String textKey){
        return textDAO.getTextFromDb(textKey);

    }

}
```

产品经理看了后若有所思，又说："不好意思啊，小张，刚才漏掉了一个关键信息，现在需要追加下面这个需求。"

追加需求 1

在返回的文本中，如果存在数字，则对数字进行加粗。

该需求也还好，实现也不难。于是，张三也很快地搞定了，代码如下：

对文本中的数字进行加粗

```
public class RenderService {

    @Autowired
    private TextDAO textDAO;
    private static final String REPLACE_VAR_REGEX = "(\\d+)";

    public String render(String textKey) {
        String content = textDAO.getTextFromDb(textKey);
        return replaceVar(content, "<br>", "</br>");
    }
```

```
private static String replaceVar(String content, String pre, String after) {

    if (StringUtils.isEmpty(content)) {

        return null;

    }
    Pattern p = Pattern.compile(REPLACE_VAR_REGEX);

    Matcher m = p.matcher(content);

    while (m.find()) {

        String result = m.group(1);

        content = content.replace(result, pre + result.trim() + after);

    }
    return content;

    }
}
```

第二天，产品经理又找到张三："小张啊，昨天产品上线，评价非常不错，但是有点问题。我们还需要进一步追加一个需求。"

追加需求 2

我们只希望开放给有权限的用户，没有权限的用户不能访问（使用）。考虑到部门 A 和部门 B 不是一套权限体系，需要让两者相互兼容。

于是，张三继续修改原有代码，增加了权限校验，具体如下：

权限校验

```
public String render(UserInfo userInfo,String textKey) {
```

```
    if(!AuthHolder.authGroupA(userInfo)
        ||!AuthHolder.authGroupB(userInfo)
    ){
        throw new RuntimeException("权限校验失败!");
    }



    String content = textDAO.getTextFromDb(textKey);
    return replaceVar(content, "<br>", "</br>");
}
```

没过几天，产品经理又来了："小张啊，我们的产品又有新需求了。"

追加需求 3

部门 A 觉得这个很不错，但是部门 B 不想把数字加粗，想用颜色来标记数字。

张三有些不耐烦，在他看来，这种体验性的问题不重要，完全可以将就使用。于是他跟产品经理一顿争执，但最后以失败而告终。于是，代码改成了这个样子：

用颜色标记数字

```
public String render(UserInfo userInfo,String textKey){



    String content=textDAO.getTextFromDb(textKey);
    if(AuthHolder.authGroupA(userInfo)){
        return rendGroupA(content);
    }


    if(AuthHolder.authGroupB(userInfo)){
```

```
        return rendGroupB(content);
    }

    throw new RuntimeException("权限校验失败!");


}


private String rendGroupA(String content){
    return replaceVar(content,"<br>","</br>");
}
private String rendGroupB(String content){
    return replaceVar(content,"<font color=\"red\">","</font>");
}
```

在几天后召开的产品排期会上，产品经理一方面传达了用户对我们产品的满意度与好评，另一方面也提出了新的需求：

追加需求 4

有些用户既不属于 A 部门，也不属于 B 部门，但是他们想体验一下。我们需要配置体验白名单，但是体验白名单中的用户与 A、B 部门的正式用户不同，他们只能查看数据库中的前 10 个字符。

不得已，张三按照需求继续修改原有代码：

配置体验白名单

```
public String render(UserInfo userInfo,String textKey){



    String content=textDAO.getTextFromDb(textKey);
```

```
if(AuthHolder.authGroupA(userInfo)){
    return rendGroupA(content);
}


if(AuthHolder.authGroupB(userInfo)){
    return rendGroupB(content);
}


if(AuthHolder.isInWhiteList(userInfo)){
    return content.substring(0,10);
}
throw new RuntimeException("权限校验失败!");
}
```

张三在修改完代码后不禁抱怨："产品经理太差劲了，不想清楚就开始提需求，而且需求还不一次性提完，而是像挤牙膏那样断断续续，你看我好好的代码硬生生地被改成了一座屎山。"

然而，在真正的需求开发中，上述场景还是很常见的。因为业务是动态发展的，客户的需求也时刻发生改变。不管多么厉害的产品经理都没有办法通过一次需求就可以确定产品的最终形态。需求一定是个不断迭代的过程，就算 Windows 操作系统这么多年来也依然在不断迭代。所以，作为程序员来说，优雅快速地支撑业务需求成为他们必备的能力。

2.2　问题分析

我们来看一下上面的迭代过程和代码到底不好在哪里。在代码的迭代过程中，张三基本上是在大面积、大幅度地修改原有代码，甚至有很多次几乎是推翻原有代码进行的重写（重新定义入参、权限体系等）。

接下来按照第 1 章描述的设计原则进行分析。

◯ 违背了开闭原则

显然，张三在整个迭代开发过程中，并没有遵循开闭原则，也就没有享受到开闭原则所带来的好处，最终导致产品上线后具有极大的风险。针对这种风格的开发方式，需要进行大面积的功能回归才能保证产品上线后的稳定性。这在真正的生产开发中是严格禁止的。

◯ 违背了单一职责

再看张三写的代码。权限校验、数据提取、文本渲染三个大的逻辑耦合在一起，每个逻辑的改动都会引起整个类发生改动。随着需求不停地追加，代码会变得越来越臃肿、难以维护，最终导致代码被废弃或者被重构。

那么，在需求还不确定的情况下，该如何设计代码结构，使其符合设计原则并优雅地支持后续的变更呢？我们看一下 Spring 是如何做的。

2.3 Spring 中的 PostProcessor 机制

在 Spring 中，处理的问题的复杂度远比我们一般的业务大，因此必然也会面临各种多变的需求。Spring 在发展过程中已经迭代了很多版本，但是其底层的改动却很小，基本上都是在原有基础上进行的扩展；这非常好地符合了开闭原则。那么，Spring 具体是如何设计的呢？我们尝试从最经典的 BeanPostProcessor 机制中寻找答案。

2.3.1 示例

尽管 Spring 的加载流程不是本书的重点，但为了读者更好地了解背后的模式，我们先简单描述一下 Spring 的主流程（只描述思路，不具备完整性）。

1. 根据设置的 Class 属性或者根据 className 来解析 Class。

2. 对 override 属性进行标记及验证。

很多读者可能不知道这个方法（即对 override 属性进行标记及验证的实现方法）的作用，因为在 Spring 的配置中根本就没有诸如 override-method 之类的配置，那么这个方法到底是干什么用的呢？

Spring 中确实没有 override-method 这样的配置，但是我们发现在 Spring 的配置中存在 lookup-method 和 replace-method，而在加载这两个配置时其实就是将配置统一存放在 BeanDefinition 中的 methodOverrides 属性中，而这个函数的操作其实也就是针对于这两个配置的。

3. 应用初始化前的后处理器，解析指定的 Bean 是否存在初始化前的短路操作。

Bean 的实例化前调用，也就是将 AbsractBeanDefinition 转换为 BeanWrapper 前的处理。给子类一个修改 BeanDefinition 的机会，也就是说当程序经过这个方法后，Bean 可能已经不是我们认为的 Bean 了——它或许成为了一个经过处理的代理 Bean，也可能是通过 cglib 生成的 Bean，还有可能是通过其他技术生成的 Bean。

4. 开启 Bean 的实例化。

我们先来看一下 Bean 创建的外围代码。

Spring 中 Bean 的创建

```
protected Object createBean(final String beanName, final RootBeanDefinition mbd,
final Object[] args) throws BeanCreationException {
//1. 解析 Bean 的 Class
    resolveBeanClass(mbd, beanName);
 //2. 方法注入准备
    mbd.prepareMethodOverrides();
 //3. 第一个 BeanPostProcessor 扩展点
    Object bean = resolveBeforeInstantiation(beanName, mbd);
    if (bean != null) {
//4. 如果第 3 处的扩展点返回的 Bean 不为空，直接返回该 Bean，后续流程不需要执行
```

```
        return bean;
    }
//5. 执行 Spring 的创建 Bean 实例的流程
    Object beanInstance = doCreateBean(beanName, mbd, args);
    return beanInstance;
}
```

从上面的代码中可以发现，Bean 真正的实例化只是 Bean 实例化的一部分，因为还有很多前置动作。而上面就是 Bean 实例化的主流程，通过这个主干流程也可以清晰地知道 Bean 的实例化框架到底做了哪些事情：

- 完善 beanClass；

- 完善 beanClass 对应的覆盖方法；

- 实例化 Bean。

当然，现在这个阶段还无法确定在 Bean 真的被实例化之前是否还有其他操作。例如，当前实例化的 Class 可能不是一个真正的 Class，而是通过 Spring 的 cglib 动态代理将一个接口动态生成的实例，那么可能就不需要进行后续的诸如 Class 的实例化、属性注入等动作。但是这些操作显然无法枚举，且属于分支流程，所以这里进行了特别的设计——resolveBeforeInstantiation。

Bean 初始化前的预留扩展点

```
protected Object resolveBeforeInstantiation(String beanName, RootBeanDefinition mbd) {
        Object bean = null;
        if (!Boolean.FALSE.equals(mbd.beforeInstantiationResolved)) {
            // Make sure bean class is actually resolved at this point.
            if (mbd.hasBeanClass() && !mbd.isSynthetic() && hasInstantiationAwareBean
                PostProcessors()) {
                //3.1 执行 InstantiationAwareBeanPostProcessor 的
                postProcessBeforeInstantiation 回调方法
                bean = applyBeanPostProcessorsBeforeInstantiation(mbd.
```

```
                    getBeanClass(),beanName);
            if (bean != null) {
                    //3.2 执行 InstantiationAwareBeanPostProcessor 的
                     postProcessAfterInitialization 回调方法
                    bean = applyBeanPostProcessorsAfterInitialization(bean, beanName);
            }
            mbd.beforeInstantiationResolved = (bean != null);
        }
    return bean;
}
```

resolveBeforeInstantiation 中的两个关键函数 applyBeanPostProcessorsBeforeInitialization 与 applyBeanPostProcessorsAfterInitialization 的代码内容如下：

Spring 中预留扩展点调用

```
@Override
public Object applyBeanPostProcessorsBeforeInitialization(Object existingBean,
String beanName)
        throws BeansException {

    Object result = existingBean;
    for (BeanPostProcessor processor : getBeanPostProcessors()) {
        Object current = processor.postProcessBeforeInitialization(result, beanName);
        if (current == null) {
            return result;
        }
        result = current;
    }
    return result;
}
```

```
@Override
public Object applyBeanPostProcessorsAfterInitialization(Object existingBean,
String beanName)
    throws BeansException {

Object result = existingBean;
for (BeanPostProcessor processor : getBeanPostProcessors()) {
   Object current = processor.postProcessAfterInitialization(result, beanName);
   if (current == null) {
      return result;
   }
   result = current;
}
return result;
}
```

resolveBeforeInstantiation 是一个抽象，使得分支流程与主流程解耦，同时具备动态扩展的能力，而通用接口就是 BeanPostProcessor，如下所示：

Spring 关键扩展接口定义

```
public interface BeanPostProcessor {
  Object postProcessBeforeInitialization(Object bean, String beanName) throws
  BeansException;
  Object postProcessAfterInitialization(Object bean, String beanName) throws
  BeansException;
}
```

下面通过图形来更清晰地表达初始化以及扩展点执行逻辑，如图 2-1 所示。

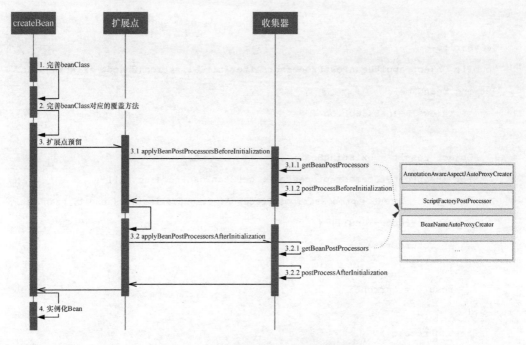

图 2-1　Bean 的初始化以及扩展点预留

2.3.2　思路抽象

接下来尝试抽象 Spring 中的设计思路（见图 2-1 中）以便为我们所用。具体有以下几步。

1．抽象主流程

在接到需求时，我们应该尝试对需求进行深入的理解，并对产品在未来一段时间内的演化有所预判，然后抽象出主流程和分支流程。举个简单的例子：我们在开发结束后提交测试时，测试人员一般都会进行一次"冒烟测试"，而这个冒烟测试就是主流程，此时的测试更多的是屏蔽一些边边角角的细节。所以，当接到需求时，我们也要抽象出当前的功能的主流程是什么。

2．预留好扩展点

还是那句话，"没有任何架构师或者产品经理能够一次性地预判所有需求"，因此需要合理地设计扩展点，以便应对后面的需求变更。

整体思路的图形化表达如图 2-2 所示。

在图 2-2 所示的设计中，可以用几个原则来解释。

○　单一职责

Spring 的初始化过程非常复杂，且分支庞杂。如果所有的分支都耦合在主逻辑中，主逻辑会极为臃肿，而且这些分支逻辑几乎也是不可枚举的。所以，Spring 在设计时进行了职责拆分：抽象了主流程和分支流程，主流程用于完成基本的闭环逻辑，而分支流程用于各种特殊场景以及用户自定义场景的逻辑扩展。主流程和分支流程各司其职，体现了单一职责的设计原则。

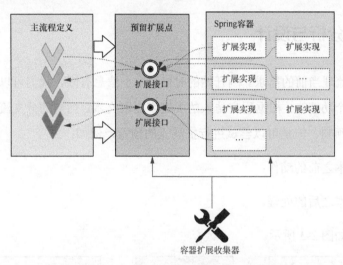

图 2-2　Spring 中的主流程与分支流程

○　依赖倒置

在整个实现过程中，主流程作为高层模块，并没有尝试依赖所有细节（实际上所有的细节[包括用户自定义扩展]也几乎无法枚举），而是依赖了 BeanPostProcessor 接口这样的抽象。扩展流程作为低层模块，针对具体的扩展细节自下而上地反向依赖于接口并实现接口。这样一来，Spring 通过依赖倒置原则解耦了高层模块与低层模块，并因此具备了可扩展性和可移植性。

○　开闭原则

显然，Spring 的设计是成功的，在 Spring 后续的持续迭代中几乎没有进行大范围的修改和重构，都是基于 Spring 预留的各种扩展点为基础扩展的，包括 Spring Boot。如果读者看过 Spring Boot 的源码，就会发现它的根基也是基于 Spring 的 PostProcessor 机制扩展出来的。

2.4　设计优化

既然 Spring 的代码设计思路解决了很大问题，且极具扩展性，那么我们接下来尝试使用从 Spring 中提取的设计思路来优化代码结构。

2.4.1　需求分析与设计

首先，尝试梳理当前的需求。刚开始的时候，由于信息有限，我们可以简单地认为当前的主流程就有一个功能点：根据用户传入的关键字提取文本。当前的分支流程使得我们无法在这个阶段进行预判，但是可以尝试进行扩展点的预留，例如：

- 提取文本之前的动作；

- 提取文本之后的处理。

初步的设计如图 2-3 所示。

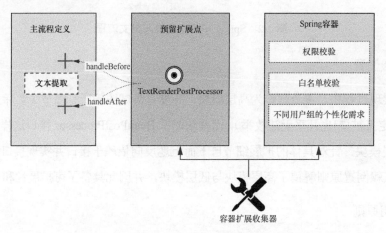

图 2-3　扩展流程设计

2.4.2 代码实现

现在基于当前的设计开始进行代码实现。

1. 扩展接口定义与标准化驱动

1. 定义扩展点。

扩展点用于主流程与分支流程的连接，也是后续扩展的切入点，因此需要具备一定的抽象性。扩展点接口可以按照如下进行定义：

基础扩展接口

```java
public interface BasePostProcessor <T> {


    default  public boolean handleBefore(PostContext<T> postContext){

        return true;

    }


    default  public void handleAfter(PostContext<T> postContext){


    };
    default  int getPriprity(){

        return 0;

    }

}
```

2. 扩展点的收集与驱动。

扩展接口的实现可能会有多个，这用于不同场景的实现。当前这个示例的实现所对应的系统要抽取 Spring 容器中的扩展接口的实现子类并进行逐一驱动，具体如下：

扩展点的收集与驱动工具类

```
public  class PostProcessorContainer<T> {

    private Class<BasePostProcessor>  monitorPostProcessorClass;

    private PostProcessorContainer(){

    }

    public   static <T>PostProcessorContainer getInstance(Class<T> monitorPost
    ProcessorClass){

        PostProcessorContainer postProcessorContainer =new PostProcessorContainer();

        postProcessorContainer.monitorPostProcessorClass=monitorPostProcessorClass;


        return postProcessorContainer;

    }


    public boolean handleBefore(PostContext<T> postContext)  {

        List<? Extends BasePostProcessor> postProcessors=ApplicationContextUtil.

        getBeansOfType(monitorPostProcessorClass);

        if(CollectionUtils.isEmpty(postProcessors)){

            return true;

        }


        //优先级越高，越靠近内核

        Collections.sort(postProcessors,

            (Comparator<BasePostProcessor>)(o1, o2) -> Integer.valueOf(o1.

            getPriprity()).compareTo(Integer.valueOf(o2.getPriprity())));


        for(BasePostProcessor postProcessor:postProcessors){

            postProcessor.handleBefore(postContext);

        }


        return false;
```

```
        }

    public void  handleAfter(PostContext<T> postContext){


        List<? Extends BasePostProcessor> postProcessors=ApplicationContextUtil.
        getBeansOfType(monitorPostProcessorClass);
        if(CollectionUtils.isEmpty(postProcessors)){
            return ;
        }


        //优先级越高，越靠近内核
        Collections.sort(postProcessors,
            (Comparator<BasePostProcessor>)(o1, o2) -> Integer.valueOf(o2.
            getPriprity()).compareTo(Integer.valueOf(o1.getPriprity())));



        for(BasePostProcessor postProcessor:postProcessors){
            postProcessor.handleAfter(postContext);
        }
    }
}
```

在上述的代码实现中，考虑到了 BasePostProcessor 的 handleBefore 与 handleAfter 逻辑特性，通过巧妙地使用优先级排序保证了逻辑的完整性，相应的图形化表达如图 2-4 所示。

2. 重新定义主流程

有了上面的标准化扩展点以及自动化收集扩展点容器定义后，下面进行具体业务的分析以及设计。

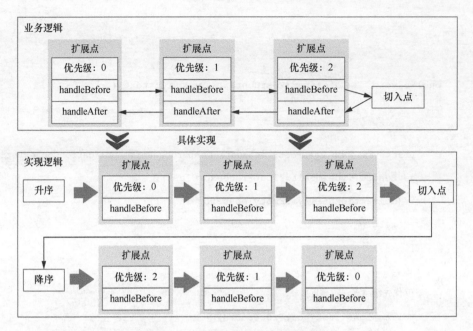

图 2-4　扩展点的按优先级驱动逻辑

1. 定义承载数据的数据结构。

用于在后续的主流程与分支流程中进行数据的传递，相应的代码如下所示：

渲染文本承载类

```
@Data
public class RenderBO {

    private UserInfo loginUser;

    private  UserInfo publishUser;

    private String textKey;

    private String text;

}
```

2. 扩展特定业务接口。

基于扩展接口定义当前文本渲染特定场景的扩展接口，以便 Spring 针对特定场景获取对应的接口实现，代码如下：

文本渲染扩展接口定义

```
public interface TextRenderPostProcessor extends BasePostProcessor<RenderBO> {}
```

否则，任何场景都是基于 BasePostProcessor 的扩展实现的，这样一来 Spring 就很难精确地提取出特性场景的扩展子类。

3．变更主流程。

对主流程进行变更，在主流程的前后引入扩展接口，使得实现具备可扩展性，以兼容后续的需求变更。变更主流程的相应代码如下所示：

文本渲染主流程

```
public String render(UserInfo userInfo,String textKey){

    PostProcessorContainer postProcessorContainer = PostProcessorContainer.

    getInstance(TextRenderPostProcessor.class);


    PostContext<RenderBO> context=new PostContext();

    //构造数据承载的数据结构

    RenderBO renderBO=new RenderBO();

    renderBO.setLoginUser(userInfo);

    renderBO.setTextKey(textKey);

    context.setBizData(renderBO);


    boolean isContinue=postProcessorContainer.handleBefore(context);

    if(!isContinue){

        return renderBO.getText();

    }
```

```
        TextQueryResult textQueryResult=textDAO.getTextFromDb(textKey);


        renderBO.setText(textQueryResult.getContent());
        renderBO.setPublishUser(textQueryResult.getPublishUser());


        postProcessorContainer.handleAfter(context);


        return renderBO.getText();
    }
```

3．基于开闭原则的逻辑扩展

有了上面的准备动作后，会发现系统的扩展性已经足够强。此时可以发现，当前的设计在再次重新面对多变的需求时，已经能游刃有余地进行扩展与处理。

1．通过扩展来处理权限校验的需求。

由于权限校验是在文本提取前发生的动作，所以我们实现了 handleBefore 的接口逻辑，具体如下：

权限校验扩展点实现

```
@Component
public class AuthValidatePostProcessor implements TextRenderPostProcessor {
    public boolean handleBefore(PostContext<RenderBO> postContext) {
        RenderBO renderBO=postContext.getBizData();
        if(!AuthHolder.authGroupA(renderBO.getLoginUser())
            ||!AuthHolder.authGroupB(renderBO.getLoginUser())
            ||!AuthHolder.isInWhiteList(renderBO.getLoginUser())
        ){
            throw new RuntimeException("权限校验失败!");
```

```
    }

    return true;

}


public int getPriprity(){

    return Integer.MIN_VALUE;

}

}
```

这里需要注意的一点是，因为权限校验是入口，需要让这个权限校验的扩展最先执行，所以这里重写了优先级，以保证该扩展被最先调用。

2．通过扩展处理不同用户组的个性化需求。

由于当前需求的主要逻辑是对文本进行渲染，而且这个文本渲染动作发生在文本提取后，所以，针对之前的部门 A 和部门 B 的不同权限控制进行了不同的个性化扩展，具体如下：

部门 A 的个性化扩展逻辑

```
@Component
public class GroupARenderPostProcessor implements TextRenderPostProcessor {

    public void handleAfter(PostContext<RenderBO> postContext) {

        RenderBO renderBO=postContext.getBizData();

        if(AuthHolder.authGroupA(renderBO.getLoginUser())){

            String text= StrUtil.replaceVar(renderBO.getText(),"<br>","</br>");

            renderBO.setText(text);

        }



    }

}
```

部门 B 的个性化扩展逻辑

```
@Component
public class GroupBRenderPostProcessor implements TextRenderPostProcessor {

    public void handleAfter(PostContext<RenderBO> postContext) {
        RenderBO renderBO=postContext.getBizData();
        if(AuthHolder.authGroupB(renderBO.getLoginUser())){
            String text= StrUtil.replaceVar(renderBO.getText(),
            "<font color=\"red\">", "</font>");
             renderBO.setText(text);
        }
    }
}
```

3．通过扩展来处理白名单校验。

白名单的校验和文本的渲染与用户组的渲染相似，不过这里的一个隐藏逻辑是白名单的优先级一定低于用户组的优先级，所以，需要将白名单的优先级调低。相应的代码如下：

白名单校验扩展实现

```
@Component
public class WhiteListAuthPostProcessor  implements TextRenderPostProcessor {

    public void handleAfter(PostContext<RenderBO> postContext) {
        RenderBO renderBO=postContext.getBizData();
        if(renderBO.getLoginUser().isInWhiteList()){
            renderBO.setText( renderBO.getText().substring(0,10));
        }
    }
}
```

```
    public int getPriprity(){
        return -1;
    }
}
```

4. 扩展点结构图。

上面的全部设计转化为图 2-5 所示的类图，其中很好地体现了基础类与扩展类的结构关系。

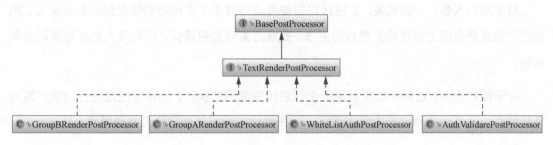

图 2-5　基础类与扩展类的结构关系

2.5　总结

对于一个好的程序员或者软件架构师来说，写出的代码需要具备艺术性，而且是经过认真思考过后写出的的。只有这样，我们的能力才能会有所成长，否则在进行代码评审的时候只会被人吐槽。

所以，在确定了需求之后千万不要上来就写代码，而是要先思考下面这几件事儿。

❑　项目的主流程是什么

在构建项目时，一般在项目初期提出来的需求都是主流程，之后，主流程与分支流程开始掺杂。因此在需求分析和进行开发时，一定要仔细斟酌，知道主流程和分支流程分别是什么，然后在设计层面体现出来。一旦主流程与分支流程耦合在一起，那么代码将会变得臃肿不堪，最终导致难以维护。

○　扩展切入点怎么预留

在设计切入点时，要充分地预判后期可能会存在的变更，并预留好扩展点。一般而言，在核心流程的前后都要预留好切入点。当然，在核心流程的某个重要环节，如果预判这里可能存在变更的话，也需要考虑预留切入点。不过切入点绝不是越多越好，否则会影响主流程的逻辑，以及增加扩展的理解成本。

○　扩展接口怎么定义

对于接口入参，一般来说，扩展接口需要考虑当前上下文传递的数据结构怎么定义、所承载的信息是否满足后续的扩展点的需求、兜底方案该如何设计，以便最大程度地满足开闭原则。

对于接口出参，返回的结果是需要干预后续主流程的执行，还是单纯地进行功能扩展与信息填充，而不干预程序的主流程运行，这在设计主流程时都需要很好地思考一下。

○　职责的拆分

扩展逻辑的实现是放在扩展接口实现类中，还是单纯抽象为 Service 服务，这个很难区分。区分的依据主要是对后续复杂度、通用性等综合因素的一个预判。如果当前的需求属于那种边边角角的临时需求，里面的功能实现也不具备通用性，那么就没有必要抽取通用服务接口。反过来，如果权限体系、文本提取、渲染逻辑都比较复杂，且后期存在复用的可能，那么就要考虑一下怎么抽取通用流程。

所以，在设计项目时要时刻考虑什么是可通用的、什么是可被复用的，以及个性化因素需要如何通过后续扩展来达到最大化复用的目的。

第 3 章
优雅地暴露内部属性

03

3.1 抛出问题

张三接到需求，说最近系统响应偏慢，需要优化提升性能。于是，张三开始对系统进行分析，并找到了原因——可能是底层数据量过大，导致数据库查询的时候响应偏慢。那么，除了对底层数据库建立索引外，增加缓存以提升响应速度是最常规、最有效的解决办法。在锁定技术方案后，张三决定在原有代码的基础上进行缓存。基于前面的扩展点设计，张三构建了 CachePostProcessor 来优化性能，具体代码如下：

缓存扩展点代码

```
@Component
public class CachePostProcessor implements TextRenderPostProcessor {

    private static final Cache<String, String> localCache = CacheBuilder.newBuilder()
        //设置 cache 的初始大小为 30（要合理设置该值）
```

```
                    .initialCapacity(30)
                    //设置并发数为 2，即同一时间最多只能有 3 个线程往 cache 执行写入操作
                    .concurrencyLevel(2)
                    //设置 cache 中的数据在写入之后的存活时间为 10 秒
                    .expireAfterWrite(10, TimeUnit.SECONDS)
                    //构建 cache 实例
                    .build();


    public boolean handleBefore(PostContext<RenderBO> postContext ) {
        RenderBO renderBO=postContext.getBizData();
        String text=localCache.getIfPresent(renderBO.getTextKey());
        if(StringUtils.isEmpty(text)){
            return true;
        }


        renderBO.setText(text);
        return false;




    }



    @Override
    public void handleAfter(PostContext<RenderBO> postContext ) {
        RenderBO renderBO=postContext.getBizData();
        //结果加入缓存
        localCache.put(renderBO.getTextKey(),renderBO.getText());
    }


}
```

从切入点来看，CachePostProcessor 实现了 TextRenderPostProcessor 接口，复用了原来的扩展点。同时，需要注意的一点是，CachePostProcessor 重写了 getPriority 方法。由于缓存的特殊性，我们必须确保 CachePostProcessor 在最外层执行，所以要尽量保证它在所有的PostProcessor 中优先级是最低的。CachePostProcessor 的所在位置如图 3-1 所示。

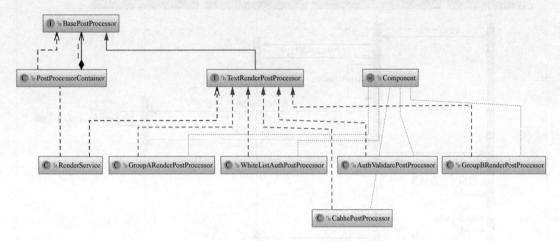

图 3-1 CachePostProcessor 的所在位置

接下来按照如下步骤分析整个执行流程。

1. 基于第 2 章的扩展埋点设计，主流程已经增加了 handleBefore 和 handleAfter 两个扩展点。

2. 在 handleBefore 中会通过 Spring 容器获取到实现 TextRenderPostProcessor 的所有类，那么 CachePostProcessor 自然也会被加载进来。

3. 由于 CachePostProcessor 的优先级比较低，因此会在最外层被优先调用。

4. 调用 CachePostProcessor 的 handleBefore 会首先验证返回结果是否存在于缓存中。如果缓存命中，则通过返回值 true 来通知后面的 PostProcessor 不需要继续执行，否则返回 false，继续执行。

5. 如果需要继续执行，则逐一调用后续的 PostProcessor。

6. 因为 CachePostProcessor 的优先级较低，因此 CachePostProcessor 的 handleAfter 会被最后调用。此时参数中会记录此次执行的结果，并在 handleAfter 中将结果加入缓存。

如果通过时序图来描述，则整个执行过程如图 3-2 所示。

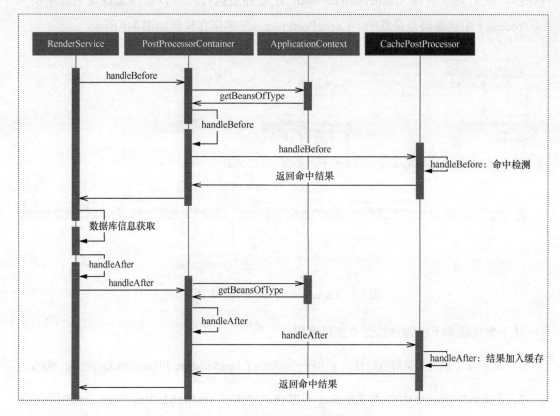

图 3-2　缓存加速扩展点实现逻辑

代码上线后，系统的执行效率果然提升了很多，运行也更加丝滑，但是为了更好地运维，产品经理又提出了新的需求：

运维需求

需要将总调用次数、命中率等信息同时暴露出来以便进行统计以及及时处理。同时，需要构建一个新的运维页面，通过这个运维页面呈现系统程序的调用次数、缓存命中次数等诸多信息，并将这些信息实时展现出来。

这个运维需求没有什么复杂度。首先，定义缓存命中记录的数据结构 HitRate（这里只进行演示，不考虑清零、计数溢出、时间段，甚至实时数据采集效率更佳的其他技术方案等）。通过 HitRate，我们期望记录两个主要的信息：整体调用次数以及缓存命中次数。相应的代码如下：

缓存命中与统计数据结构

```
    @Setter
@Getter
public class HitRate {
    public AtomicInteger tocalCall=new AtomicInteger();
    public  AtomicInteger cacheHit=new AtomicInteger();
}
```

然后，修改 CachePostProcessor，在 CachePostProcessor 中将 HitRate 初始化，并实时更新：

缓存信息的统计与初始化

```
    @Component
public class CachePostProcessor implements TextRenderPostProcessor {

    private static final Cache<String, String> localCache = CacheBuilder.newBuilder()
        //设置 cache 的初始大小为 30，要合理设置该值
        .initialCapacity(30)
        //设置并发数为 2，即同一时间最多只能有 3 个线程往 cache 执行写入操作
        .concurrencyLevel(2)
        //设置 cache 中的数据在写入之后的存活时间为 10 秒
        .expireAfterWrite(10, TimeUnit.SECONDS)
        //构建 cache 实例
```

```
        .build();



private HitRate hitRate=new HitRate();

public HitRate getHitRate() {

    return hitRate;

}




public boolean handleBefore(PostContext<RenderBO> postContext ) {

    RenderBO renderBO=postContext.getBizData();

    hitRate.tocalCall.incrementAndGet();

    String text=localCache.getIfPresent(renderBO.getTextKey());

    if(StringUtils.isEmpty(text)){

        return true;

    }


    hitRate.cacheHit.incrementAndGet();


    renderBO.setText(text);

    return false;




}
```

```
@Override
public void handleAfter(PostContext<RenderBO> postContext ) {


    RenderBO renderBO=postContext.getBizData();
    //将结果加入缓存
    localCache.put(renderBO.getTextKey(),renderBO.getText());

}


}
```

最后，修改 RenderService，使其依赖于 CachePostProcessor，并充当 CachePostProcessor 中的 HitRate 属性的代理，使得该属性通过 getHitRate（）对外暴露。具体代码如下：

缓存信息的对外暴露

```
@Autowired
private CachePostProcessor cachePostProcessor;



public HitRate getHitRate() {

    return cachePostProcessor.getHitRate();

}
```

按照常规思路，这里也会有一些数据结构上的调整，只不过进行了忽略。

RenderService 与 CachePostProcessor 的依赖关系如图 3-3 所示。

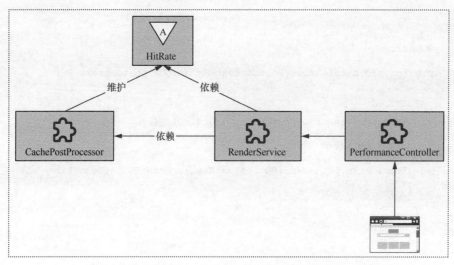

图 3-3 RenderService 与 CachePostProcessor 的依赖关系

上面的设计从表面上看起来很合理，也很符合常规，那么该设计有会有什么问题呢？我们来看一下。

3.2 问题分析

3.2.1 违背设计原则

1. 违背了依赖倒置原则

依赖倒置原则告诉我们，在设计代码结构时，高层模块不应该依赖低层模块，二者都应该依赖其抽象。如果高层模块过分依赖低层模块，一方面一旦低层模块需要替换或者修改，高层模块将受到影响；另一方面，高层模块将很难进行重用。

在图 3-3 所示的示例中，很明显 RenderService 属于高层模块，CachePostProcessor 属于低层模块，而 RenderService 又直接依赖了 CachePostProcessor 的具体实现。这显然违背了依赖倒置原则。

那么，这种设计在后续会带来什么影响呢？通过常规判断，后续不可避免地会遇到可能的需求变更与系统重构，包括：

- 缓存逻辑不再使用本地缓存，而是通过其他缓存方式实现；

- 缓存逻辑中需要增加额外的扩展点。

无论哪种变更，最佳方式要么是基于现有的 CachePostProcessor 类进行扩展封装，要么是使用另外一个缓存 PostProcessor 来取代当前的缓存逻辑。如果这样做了，RenderService 对 CachePostProcessor 的引用就会失效，影响面就会随之扩大。如果只是把缓存的依赖收口在 RenderService 中还好一点，因为这样虽然改动了主流程，但是风险还是可控的。但是，如果万一不小心，被其他 Controller 或者 Service 服务直接引用了呢？那么就需要在代码中通篇梳理原有对 CachePostProcessor 的引用并逐一替换，这种变更将会造成大面积的改动，给全局代码带来灾难性的风险。这就是 Bad Design 中所提到的：当你对某一地方做出修改后，系统中看似无关的其他部分不工作了。

2．违背了接口隔离原则

接口隔离原则告诉我们，不强迫客户端（即接口的使用方法）依赖于它们不用的方法，客户端需要什么接口就为其提供什么接口，然后把不需要的接口剔除。

很显然，RenderService 中更多的是只关注这个 HitRate 属性。但是为了得到这个属性，却不得不依赖了 CachePostProcessor。

CachePostProcessor 的意义以及职责完全不是用来进行缓存传递的，它也包含了大量的扩展接口。这种为了方便直接打包而将整个 CachePostProcessor 一起透传的方式，会给 RenderService 的逻辑造成污染，使得依赖范围变大，甚至可能会被乱用从而改变 CachePostProcessor 的行为。

3.2.2　设计看似优雅，实则不然

依赖于上面的分析，我们尝试按照设计原则重新优化设计，如图 3-4 所示。

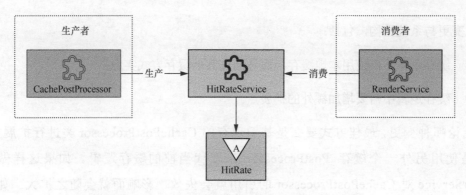

图 3-4　RenderService 与 CachePostProcessor 的解耦

从设计原则的视角来说：

○ 构建一个新的 HitRateService 接口，RenderService 从对 CachePostProcessor 的依赖
改为对 HitRateService 的依赖，从依赖具体实现类改为对抽象的依赖，这符合了依
赖倒置原则；

○ HitRateService 接口中只提供 getHitRate 方法，从而减少不必要的依赖，并仅仅暴
露应该暴露的方法或者属性，这符合了接口隔离原则。

然而，好的设计需要要具备对未来进行预判，并持续保持对不可预知需求的应对能力。
这天，又来了新的需求：

需求追加

现在接口提供了总调用量、缓存调用量，但是粒度太粗，现在页面需要按照小时来
统计总调用量和缓存调用量并进行展示。

这时怎么办呢？在 HitRate 中增加新属性（按小时统计总调用量和按小时统计缓存调用
量），并修改 CachePostProcessor 逻辑吗？这显然违背了开闭原则。

同时，由于这种逻辑是不可枚举的，如果我们实现了按小时统计的逻辑，那么按分钟、
按文本 key 等不同维度在页面上进行展示，又怎么办呢？最终，随着页面更多信息的透出，
CachePostProcessor 逻辑会爆炸。

所以，此时需要做的是逻辑反转。将 CachePostProcessor 从数据统计的职责中抽离处理，只做缓存以及相关的数据采集、封装，而具体数据的处理则本着"谁用谁处理"的原则来进行（见图 3-5）。

这种场景的处理在 Spring 中有许多完整的参考示例，这里不再赘述。

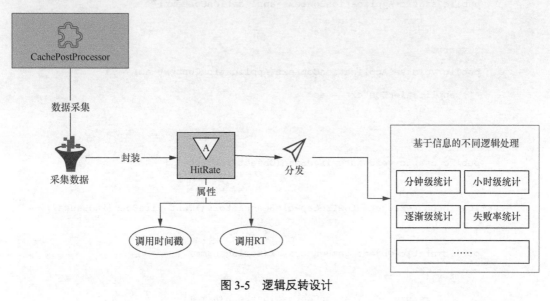

图 3-5　逻辑反转设计

3.3　Spring 中的 Aware 机制

在 Spring 中，ApplicationContext 是经常使用的类。来看下面几个相关的例子。

根据接口类型获取容器中所有的 Bean，然后再逐一处理：

```
applicationContext.getBeansOfType(type);
```

根据指定的 beanName 获取容器所对应的唯一 Bean：

```
applicationContext.getBean(name);
```

基于 ApplicationContext 快速获取 Bean 也是 Spring 作为容器的一个优势体现。当然，方便起见，代码中通常会封装一个基础类。我们来看下面的代码：

ApplicationContext 获取工具类

```java
    @Component
public class ApplicationContextUtil implements ApplicationContextAware {


    public static ApplicationContext applicationContext;


    @Override
    public void setApplicationContext(ApplicationContext ac) {
        applicationContext = ac;

    }


    public static void autowiredBean(Object instance) {

applicationContext.getAutowireCapableBeanFactory().autowireBean(instance);
    }
    public static Object getBeanByName(String name) {
        try {
            return applicationContext.getBean(name);

        } catch (Exception e) {
            return null;

        }

    }
    public static <T> T getBeanOfType(Class<T> type) {
        List<T> tem = getBeansOfType(type);
        if (CollectionUtils.isEmpty(tem)) {
            return null;

        }


        return tem.get(0);

    }
```

```
public static <T> List<T> getBeansOfType(Class<T> type) {

    List<T> result = new ArrayList<>();

    Map<String, T> m = applicationContext.getBeansOfType(type);


    if (m == null) {

        return result;

    }

    for (Map.Entry<String, T> b : m.entrySet()) {

        result.add(b.getValue());

    }


    return result;

}

public static List<String> getBeanNamesForType(Class type) {

    String[] tem = applicationContext.getBeanNamesForType(type);

    if (tem == null) {

        return new ArrayList<>();

    }


    return Arrays.asList(tem);

}

}
```

现在问题来了。如果按照大部分人的认知以及上面的分析思路，ApplicationContext 应该来自于某个 Service 的某个属性，然后通过调用某个 Service 的 getApplicationContext()方法来获取 ApplicationContext 属性。然而，在 Spring 中却不是这样的设计，它采用了反向推送的方式。ApplicationContext 其实是一个函数中被透传出来的一个局部变量而已，并没有放到类的属性上来扩大它的可见范围。

类似的设计还有很多。例如，我们想要获取 beanName，可以实现 BeanNameAware 接口；想要获取 beanFactory，可以实现 BeanFactoryAware 接口；等等。这样的设计有什么好处呢？

在继续之前，我们先了解一下 Aware 背后的设计。

3.3.1　Aware 概述

Spring 依赖注入的最大亮点就是，所有的 Bean 对 Spring 容器的存在是没有意识的。也就是说，可以将我们的容器替换成别的容器。

但在实际的项目中，不可避免地要用到 Spring 容器本身的功能资源，这时 Bean 必须要意识到 Spring 容器的存在，才能调用 Spring 所提供的资源。这就是所谓的 Spring Aware。

在 Spring 中，Aware 是个接口声明，没有定义任何方法：

Aware 接口定义

```
public interface Aware {
}
```

但是在 Spring 中有很多继承自 Aware 的接口，如图 3-6 所示。

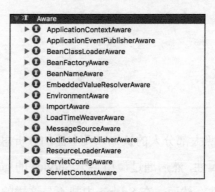

图 3-6　Spring 中继承 Aware 的接口

看了 Aware 接口后，不难发现，Aware 系列接口存在下面一些共性：

○　都以 Aware 结尾；

○　都是 Aware 接口的子接口（即都继承了 Aware 接口）；

○ 接口内均定义了一个 set 方法。

来看下面几个例子。

ApplicationContextAware 接口实现：

```
void setApplicationContext(ApplicationContext applicationContext)
```

BeanClassLoaderAware 接口实现：

```
void setBeanClassLoader(ClassLoader classLoader);
```

BeanFactoryAware 接口实现：

```
void setBeanFactory(BeanFactory beanFactory)
```

BeanNameAware 接口实现：

```
void setBeanName(String name);
```

每个子接口都定义了 setXXX 方法，而方法中的入参是 Aware 接口前面的内容，也就是当前 Bean 需要感知的内容，所以需要在 Bean 中声明相关的成员变量来接收。

3.3.2 ApplicationContextAware 的实现逻辑

ApplicationContextAware 机制的实分为两部分：

○ ApplicationContextAwareProcessor 的扩展埋点；

○ Bean 在初始化时基于埋点进行调用。

下面分别来看一下。

1. ApplicationContextAwareProcessor 的扩展埋点。

Spring 在初始化时会调用 refreshContext，这时会将 ApplicationContextAwareProcessor 放入 beanFactory 中，当然也会将 ApplicationContext 作为属性暂存起来。

2．Bean 初始化时基于埋点调用。

每个 Bean 在初始化时都会调用 applyBeanPostProcessorsBeforeInitialization，由于之前的埋点（即将 ApplicationContextAwareProcessor 放入 beanFactory 中），这时 ApplicationContext Aware Processor 将在这一步被拉出来并被调用。

Application Context Aware Processor 的逻辑是，检测当前的 Bean 是否为 Application Context Aware 类型，如果是，就会强制转换类型，并调用 set Application Context Aware 方法进行属性的反向推送。

ApplicationContextAware 激活流程的图形化步骤拆解如图 3-7 所示。

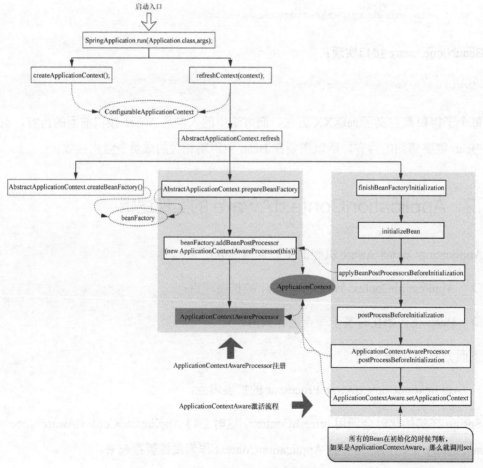

图 3-7　ApplicationContextAware 激活流程

3.3.3 思路抽象

基于 Spring 的实现原理，我们抽象出 Aware 机制的设计思路以及主要步骤。

1. 在主流程中埋入扩展点 PostProcessor。

2. 在扩展点中封装特性属性，并拉取特定属性感知接口 XXAware 实现类。

3. 对所有感知接口 XXAware 实现类依次调用 setXXX 进行特定属性分发。

Aware 机制设计思路的图形化表达如图 3-8 所示。

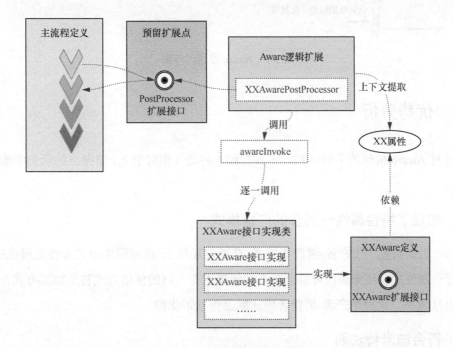

图 3-8　Aware 机制的设计思路

Aware 机制设计思路对应的时序图如图 3-9 所示。

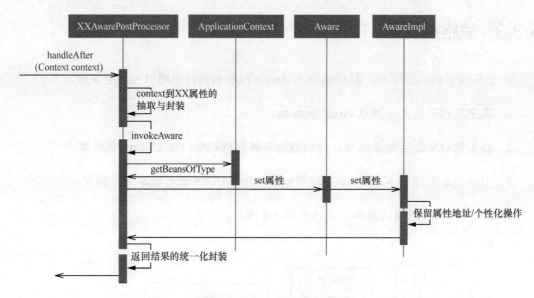

图 3-9　Aware 推送时序图

3.3.4　优势分析

通过对 Aware 机制的了解可知，它具有如下好处（相对于 3.1 节抛出的示例中给出的设计来说）。

1．实现了特性属性一对多的广播模式

Aware 机制构建了生产者-消费者模式。在特定场景下，在流程中会完成特定属性的生产。但是，对于属性的使用来说，可能会在不同场景下有不同的使用方式甚至加工方式，甚以至于没有办法枚举，这时生产者-消费者模式就显得非常优雅。

2．符合迪米特法则

迪米特法则告诉我们，如果两个类不必彼此直接通信，那么这两个类就不应该发生直接的相互作用。如果其中一个类需要调用另一个类的某一个方法，可以通过第三方来转发这个调用。再看当前的场景，属性的生产者与消费者在本质上其实可以不必依赖，而当前的设计确实隔离了两者的依赖，并通过 AwarePostProcessor 进行属性的分发从而建立了连接，还做到了最小化感知。

3. 相对于 Service 的正向依赖调用

在函数内部产生的变量如果需要通过 Service 方式正向暴露，则需要将变量放到类的全局属性上，以扩大感知范围。同时，如果暴露的属性太多，则会造成属性泛滥。如果函数内部的变量非单例模式，就没有办法暴露。这样一来，只能在内部实现好后再暴露，而这会导致严重的耦合。

Service 正向调用的标准化使用方式如下面的代码示例所示：

Service 正向调用代码示例

```
    private Domain domain;
public void logic(){

    Domain innerDomain=new Domain();


    init(innerDomain);


    this.domain=innerDomain;


}



public Domain  getDomain(){

    return domain;

}
```

4. 相对于所有实现都用 PostProcessor 来实现

如果不同的属性、不同的数据结构，都来自统一个接口，会造成混乱。Aware 机制比较方便，它更有针对性，可读性也更好。

在图 3-10 中可以看到，不同场景的属性订阅从设计上来说是同一个逻辑，但是由于不同场景的订阅中出现了大量的扩展点实现，因此给逻辑的维护带来了困难。

69

由于当前场景的逻辑与 PostProcessor 的定位不一致，PostProcessor 更偏重于全局扩展以及对后续主流程的影响，在 PostProcessor 中会考虑扩展方法的出参是否会影响主流程等因素，所以在出参时一般会比较慎重。而 Aware 模式是单纯的 set，不需要调用方考虑返回值，因此可以避免客户端误操作，降低理解成本。

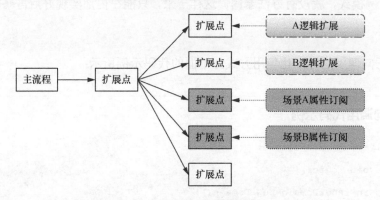

图 3-10　基于 Aware 的属性订阅逻辑的拆分与聚合

PostProcessor 的定位是扩展性，因此需要更多入参信息以应对后续的变化，所以在传入参数时往往更为复杂。而 Aware 更为纯粹，就是对某个属性进行订阅，如图 3-11 所示。如果直接使用 PostProcessor 代替 Aware 机制，则需要针对 PostProcessor 中的扩展方法的入参进行提取和解析，而且每个 PostProcessro 都需要解析，这会增加代码维护人员的理解成本。

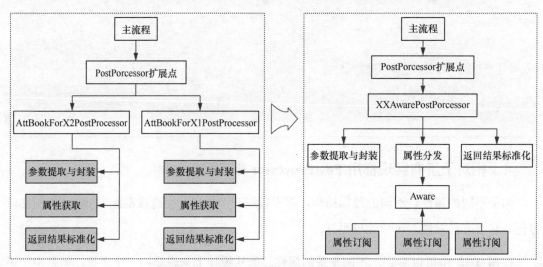

图 3-11　使用基于 Aware 机制的属性订阅来代替 PostProcessor 机制

3.4 问题优化

基于对 Spring 的总结与实现思路的抽象，我们对原有代码进行重新实现。首先定义数据承载类，相应的代码如下：

调用信息承载类

```
    @Data
public class CallInfo {
    /**
     * 调用时间
     */
    private Date callTime;

    /**
     * 调用时长
     */
    private Long rt;

    /**
     * 是否缓存命中
     */
    private boolean isCacheHint;
}
```

基于数据承载类来定义 CallInfoAware，用于通知所有希望感知的 CallInfo 类：

CallInfoAware 定义

```
public interface CallInfoAware extends Aware  {
public void setCallInfo(CallInfo callInfo);
}
```

修改缓存 CachePostProcessor，在其中增加缓存的命中记录：

修改 CachePostProcessor，增加缓存的命中记录

```
public boolean handleBefore(PostContext<RenderBO> postContext) {

RenderBO renderBO=postContext.getBizData();

//异常

hitRate.tocalCall.incrementAndGet();

String text=localCache.getIfPresent(renderBO.getTextKey());

if(StringUtils.isEmpty(text)){

    return true;

}

postContext.getContextMap().put("cacheHint",true);

hitRate.cacheHit.incrementAndGet();

renderBO.setText(text);

return false;

}
```

构建新的信息采集与执行类，相应代码如下：

```java
public class ExecuteInfoCollector  implements TextRenderPostProcessor {

public boolean handleBefore(PostContext<RenderBO> postContext) {
    CallInfo callInfo=new CallInfo();
    callInfo.setCallTime(new Date());
    postContext.getContextMap().put("callInfo",callInfo);
    return true;
}


@Override
public void handleAfter(PostContext<RenderBO> postContext) {

    CallInfo callInfo=(CallInfo)postContext.getContextMap().
    get("callInfo");
callInfo.setCacheHint(Boolean.parseBoolean(""+postContext.getContextMap().
get("cacheHint")));
callInfo.setRt(System.currentTimeMillis()-callInfo.getCallTime().getTime());

    invokeWare(callInfo);
}


public int getPriprity(){
    return -2000;
}



private void invokeWare(CallInfo callInfo){
    List<CallInfoAware> callInfoAwareList=
```

```
ApplicationContextUtil.getBeansOfType(CallInfoAware.class);


        if(!CollectionUtils.isEmpty(callInfoAwareList)){

            callInfoAwareList.forEach((callInfoAware )->{

                callInfoAware.setCallInfo(callInfo);

            });

        }

    }

}
```

这样，我们就实现了后续所有 CallInfoAware 实现类对于 CallInfo 属性的被动感知。如果在业务流程中需要获取 CallInfo 属性，那么只需要实现 CallInfoAware 接口，然后在内部类中进一步加工即可。

CallInfo 的订阅与维度统计

```
    @Service
public class CallInfoCountService implements CallInfoAware {


    @Override
    public void setCallInfo(CallInfo callInfo) {

            //实时维度统计并存储到集群缓存

    }


    public void getCallInfo(){

        //从缓存集群中拿到信息并直接返回

    }


}
```

化后的设计的依赖关系如图 3-12 所示。

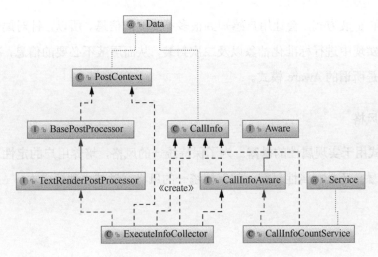

图 3-12 依赖关系

3.5 总结

本章介绍了期望在多种场景下使用类中的属性尤其是函数内的局部变量时（即将属性和局部变量暴露出来），通用设计方案存在的问题，同时针对这些问题对 Spring 中的 Aware 机制进行了分析，并抽象出了 Spring 中的设计思路以及适合的使用场景，然后基于抽象的思路重新设计了示例，并优化了代码。

期望在多种场景下使用类中的属性尤其是函数内的局部变量时，通常要考虑几个问题。

❏ 永远保持主流程的清晰

前文一直在强调主流程与分支流程，以及不要因为局部属性无法暴露而扩大属性暴露范围或者将属性加工逻辑耦合到主流程中。主流程与分支流程要保持一对多的分发，要将关键信息透出，从而实现逻辑的拆解。

❏ 注意可扩展性与最小感知的平衡

为了使系统具备更强的扩展性，在设计扩展点的时候入参、出参往往会涉及比较多的信息，这些信息表示很多含义，甚至会影响主流程的推进。但是，如果在单纯的属性暴露场景中直接使用这种扩展方式，会让用户感知到很多不需要的信息。所以，针对属性暴露，可以选择在扩展点实现中进行标准化抽象以及二次封装，从而屏蔽不必要的信息，减少用户的信息感知。这就是所谓的 Aware 模式。

○　统一风格

Aware 模式用于实现属性的暴露。为了保持统一的风格，培养用户的定性思维，建议不管是局部变量暴露还是类属性暴露，都保持统一的风格，以减少理解成本。

第 4 章
复杂逻辑的拆解与协同

04

4.1 抛出问题

我们开发的项目越来越受欢迎，得到的关注也越来越多，自然也就收到了很多的反馈。因为用户看到的数据是来自其他用户自主上传的数据，因此数据内容的合法性无法保障，里面可能会包含大量非法的内容。这天，产品经理突然收到反馈，说向用户返回的信息中含有暴力、脏话等信息，需要屏蔽掉。产品经理对此很重视，于是与张三沟通并排期，以便紧急上线。

异常信息监测及告警需求

在用户提取的数据中，一旦出现暴力、脏话等非法信息，则需要将其全部替换掉，并同时立刻向数据的发布人进行告警。在这里，告警的逻辑是，如果有发布人的注册信箱，则向其发送邮件，如果有注册电话则向其发送短信，兜底逻辑则是以站内信件的方式进行告知。

张三在进行了一番调研后，决定使用现成的远程服务。于是张三整理了现有的依赖接口，如图 4-1 所示。

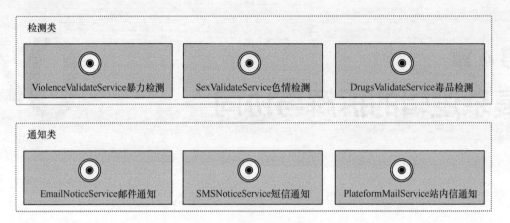

检测类

VioleceValidateService暴力检测　　SexValidateService色情检测　　DrugsValidateService毒品检测

通知类

EmailNoticeService邮件通知　　SMSNoticeService短信通知　　PlateformMailService站内信通知

图 4-1　依赖接口清单

那么，代码该怎么写呢？考虑到第 1 章讲过的开闭原则以及预留好的扩展点，张三快速地做出了一个版本：

异常信息监测及告警快速实现

```
@Component
public class ValidatePostProcessor implements TextRenderPostProcessor {

    @Autowired
    private SexValidateService sexValidateService;

    @Autowired
    private DrugsValidateService drugsValidateService;

    @Autowired
    private ViolenceValidateService violenceValidateService;


    @Autowired
```

```
        private LocalEmailNoticeService emailNoticeService;

        @Autowired

        private SMSNoticeService smsNoticeService;

        @Autowired

        private PlateformMailService plateformMailService;




        public void handleAfter(PostContext<RenderBO> postContext) {

            RenderBO renderBO=postContext.getBizData();

            ValidateResult validateResult=validate(renderBO.getText());

            if(!validateResult.isPass()){

                isNotice(renderBO.getPublishUser(),renderBO.getText());

            }



        }




        private ValidateResult validate(String content){

            boolean isPassed=true;



            ValidateResult validateResult=sexValidateService.validate(content);



            if(!validateResult.isPass()){

                isPassed=false;

            }



            validateResult= drugsValidateService.validate(validateResult. getContent());

            if(!validateResult.isPass()){

                isPassed=false;

            }
```

```
        validateResult= violenceValidateService.validate(validateResult.

        getContent());

        if(!validateResult.isPass()){

            isPassed=false;

        }


        ValidateResult result=new ValidateResult();


        result.setPass(isPassed);

        result.setContent(validateResult.getContent());

        return result;

    }



    private void isNotice(UserInfo userInfo, String textKey){

        boolean succ= emailNoticeService.notice(userInfo, NoticeTemplate.

        genNoticeTemplate(textKey,"email"));

        if(!succ){

            smsNoticeService.notice(userInfo, NoticeTemplate.

            genNoticeTemplate(textKey,"sms"));

        }


        if(!succ){

            plateformMailService.notice(userInfo, NoticeTemplate.

            genNoticeTemplate(textKey,"plateform"));

        }

    }

}
```

在上面的代码中，基于原有扩展点构建了 ValidatePostProcessor（分别依赖了检测类的 3 个接口以及通知类的 3 个接口）。同时，构建 ValidatePostProcessor 的业务逻辑，具体如图 4-2 所示。

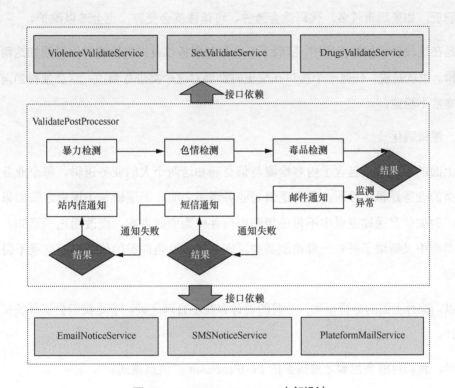

图 4-2　ValidatePostProcessor 内部设计

4.2　问题分析

那么，这样的设计是否合理呢？或者说还有没有更好的设计呢？我们先来分析当前的设计。

上面的设计虽然符合之前提到的开闭原则：很好地利用了之前预留的扩展点，并通过增加扩展点的方式完成了新需求。但是，这只解决了一部分问题，而且这段新代码在设计上也存在很多问题，具体如下。

○　依赖过多，逻辑臃肿

之前在介绍单一职责时提到，一个类被改变的原因不能超过一个。也就是说，一个类只有一个职责，如果职责过多，代码就会臃肿，可读性就会变差，也会难以维护。

但是在这段新增加的代码中，依赖了 6 个外部服务以及内容检测和信息通知这两个大的业务逻辑。也就是说，任何一个接口在变更时都要对这个类进行修改，这会使得当前这个类在后续非常不稳定。

○　逻辑固化

在上面的设计中，包含了内容检测与信息通知这两个大的业务逻辑，每个业务逻辑中还有子类的业务逻辑。然而，业务逻辑与业务逻辑之间、子逻辑与子逻辑之间如果出现逻辑变更，例如信息通知逻辑中不再使用站内信件作为兜底方案，而改用电话通知，或者非法检测类型中又新增了另外一种检测类型，则必然涉及当前类的修改，而这就不得不违背开闭原则。

所以，综合上面的分析可知，当前的设计存在不合理之处，于是我们尝试寻找扩展性更好的设计。

这时，我们可能会想到之前提到的 PostProcessor 扩展点模式。

4.2.1　PostProcessor 模式的错误选型

第 1 章讲到，PostProcessor 的定位是用于扩展，是用于对主流程进行扩展，使得程序具备灵活性与扩展性，从而满足后续不可预知的需求变更。

于是我们按照 PostProcessor 的思路进行设计，尝试抽象出哪些是主流程，哪些是分支流程，然后进行设计，如图 4-3 所示。

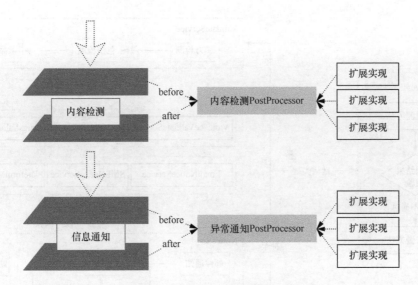

图 4-3　PostProcessor 模式的尝试

在图 4-3 所示的设计中，我们套用了 PostProcessor 的设计方式。不过在设计出来后感觉有点奇怪。在当前的场景中，似乎并没有很清晰的主流程与分支流程，或者说，我们充其量能梳理出内容检测与信息通知这两个业务点以及两个业务点之间的配合逻辑，而诸如短信通知、站内信件通知等似乎并不是对信息通知的扩展而是信息通知的组成。换句话说，检测和通知这两个逻辑本身就属于主流程，只不过主流程是有一系列的功能传递来完成的。

所以在这种情况下，就不太适合用 PostProcessor 设计模式来处理了。

那么，该怎么设计呢？我们进一步尝试。

4.2.2　模板方法模式的错误选型

考虑到在当前场景中，内容检测与信息通知这个两个业务点以及这两个业务点之间的配合逻辑相对固定，所以我们可以很容易想到，是否可以使用模板方法模式，先固化一部分逻辑，然后针对后续的逻辑进行不同场景的扩展，最后逐渐实现职责的单一性？于是，就有了如图 4-4 所示的设计。

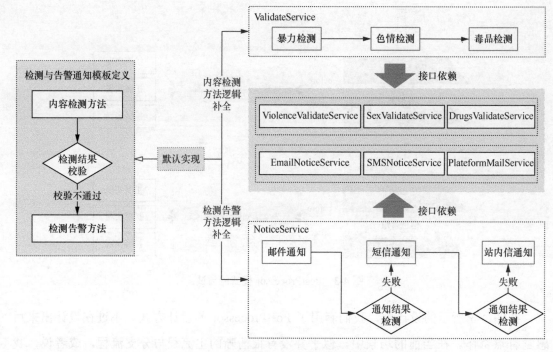

图 4-4　模板方法模式的优化尝试

图 4-4 所示的设计将主要的业务逻辑模板化，并将主要的实现接口化。

○ 业务逻辑抽取了内容检测和信息通知这两个步骤，但不考虑具体实现，只定义接口：
ValidateService 和 NoticeService。然后面向接口编程，并将"内容检测不通过则进
行通知"的逻辑固化在模板中。

○ 内容检测和信息通知这两个服务的具体实现由子类完成，并使用 DefaultImpl 进行
组合，并可随时替换。

这样做具有如下好处。

○ 逻辑单一，符合单一职责。无论是模板方法内部，还是具体的 Service 实现，逻辑
都得到了简化，职责也具备单一性。

○ 可变化的 Service 子类实现更多关注的是逻辑本身，而不需要考虑全局，因此它的
变更不会影响到全局实现。

既然提到了模板方法模式，我们就来介绍一下它的使用场景、特点与优缺点等。

在面向对象程序设计的过程中，开发人员经常会遇到这种情况：在设计一个系统时知道了算法所需的关键步骤，而且确定了这些步骤的执行顺序，但是某些步骤的具体实现还未知，或者说这些步骤的实现与具体的环境相关。

例如，我们在去银行办理业务时，一般要经过 4 个流程：取号、排队、办理具体业务、对银行工作人员进行评分等。其中，取号、排队和对银行工作人员进行评分的业务对每个客户来说都是一样的，可以在父类中实现。但是，办理具体业务却因人而异，它可能是存款、取款，还可能是转账，相应的业务可以延迟到子类中实现。

这样的例子在生活中还有很多。我们把这些规定了流程或格式的实例定义成模板（例如，简历模板、论文模板、Word 中的模板文件等），允许用户根据自己的需求去更新它，于是就有了模板方法设计模式。

模板方法定义了一个操作中的算法骨架，但是将算法的一些步骤延迟到子类中，使得子类可以在不改变该算法结构的情况下重新定义该算法的某些特定步骤。它是一种类行为型模式。

该模式的主要优点如下。

- 它封装了不变部分，扩展了可变部分。它把认为是不变部分的算法封装到父类中实现，而把可变部分的算法交给子类继承实现，便于子类继续扩展。

- 它在父类中提取了公共部分的代码，便于代码复用。

- 由于部分方法是由子类实现的，因此子类可以通过扩展方式增加相应的功能，这也符合了开闭原则。

当然，该模式也存在下面一些缺点。

- 针对每个不同的实现都需要定义一个子类，这会导致子类的个数增加，系统更加庞大，设计也更加抽象，从而间接地增加了系统实现的复杂度。

- 父类中的抽象方法由子类实现，子类执行的结果会影响父类的结果，这导致了一种反向的控制结构，由此提高了代码阅读的难度。

○ 由于继承关系自身的缺点，如果父类需要添加新的抽象方法，则所有子类都要改一遍。

所以，它大多用在一些具有通用方法的场景中，例如：

○ 有多个子类共有的方法，且逻辑相同；

○ 重要的、复杂的方法，可以考虑作为模板方法；

○ 在重构时，模板方法模式是一个经常用到的模式，它把相同的代码抽取到父类中，并通过钩子函数约束其行为。

在了解了模板方法模式后，我们再来看看模板方法模式是否适合当前的场景，或者说，当前场景中存在的问题有哪些。

模板方法本身的优势就是封装了不变部分，扩展了可变部分，这在"一套标准，多套实现"的情况下极为有用，例如银行业务模板（见图 4-5）。在该模板中，各个银行的办公系统在个性化实现时只关注于自己的具体业务实现，而取号、排队等通用业务就不需要关注了。

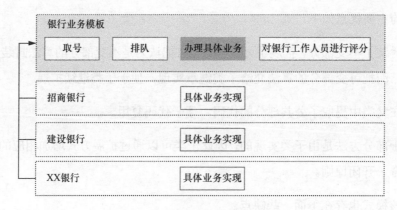

图 4-5　模板方法的使用

然而，在当前场景下，我们抽象了标准化流程。但是，这个标准化流程的场景似乎没有复用这一说，因为它本身就是分支流程的一部分，更多的是考虑需求变更的时候将影响降低到最小。

反过来，一旦需求变更，就要通过增加模板实例化的形式来实现。例如，当需求变更时，可能会这样做：废弃原来的 Service 实现类与默认实现模板实例，并构建新的 Service 实现类与模板实例。这样做会出现大量的冗余类，否则将违背开闭原则，失去模板方法的意义，并给维护带来了麻烦，如图 4-6 所示。

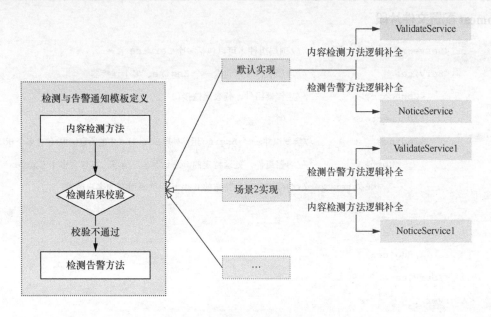

图 4-6　模板方法的多套实现

那么，有没有更优秀的设计来解决这个问题呢？

4.3　Tomcat 中的 PipeLine 机制

我们先来看一下在 Tomcat 中的经典设计。

4.3.1　Tomcat 容器结构与协同处理

Tomcat 通过使用一种分层的结构，让 Servlet 容器具有了很好的灵活性。例如，熟悉 Tomcat 的人都会知道 Tomcat 中一般会有下面这样的配置：

Tomcat 配置文件片段

```
    <Server>                 //顶层组件，可以包括多个 Service
    <Service>                //顶层组件，可包含一个 Engine、多个连接器
        <Connector>          //连接器组件，代表通信接口
        </Connector>
        <Engine>             //容器组件,一个 Engine 组件处理 Service 中的所有请求,包含多个 Host
            <Host>           //容器组件，处理特定的 Host 下客户请求，可包含多个 Context
                <Context>    //容器组件，为特定的 Web 应用处理所有的客户请求
                </Context>
            </Host>
        </Engine>
    </Service>
</Server>
```

Tomcat 设计了 4 种容器，分别是 Engine、Host、Context 和 Wrapper 。这 4 种容器不是平行关系，而是一对多的父子关系，如图 4-7 所示。

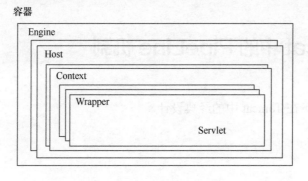

图 4-7　Tomcat 容器嵌套结构

那么，它的处理流程是什么样的呢？Tomcat 由 Connector（连接器）和 Container（容器）两部分组成，当网络请求到来时，Connector 先将请求包装为 Request，然后将 Request 交由 Container 进行处理，最终将处理后的结果返回给请求方。而 Container 处理的第一层就是 Engine 容器，但是在 Tomcat 中 Engine 容器不会直接调用 Host 容器去处理请求，而是会经历下面这个处理链：

当请求到达 Engine 容器的时候，Engine 调用自己的一个组件去处理，这个组件就叫作 PipeLine 组件。与 PipeLine 相关的组件还有一个，名为 Valve 组件，它也是容器内部的组件。

单纯从字面意思就可以很好地理解：PipeLine 是管道，而 Valve 就是管道的阀门，用于对管道内流动的逻辑进行加工。这个处理链可以更形象地表示为图 4-8 所示的样子。

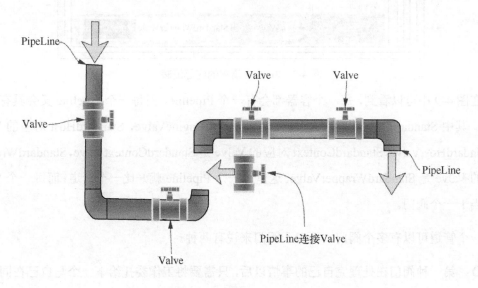

图 4-8 PipeLine 与 Valve

而 Tomcat 请求的内部流转如图 4-9 所示。

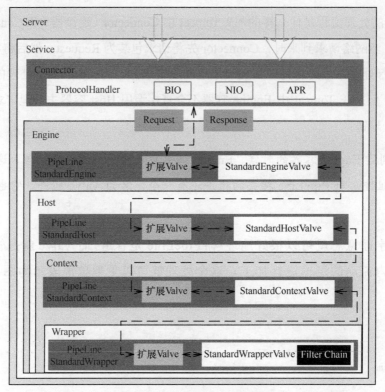

图 4-9　Tomcat 请求的内部流转

在图 4-9 中可以看到，每一个容器都会有一个 Pipeline，而每一个 Pipeline 又会具有多个 Valve，其中 StandardEngine 对应的 Valve 是 StandardEngineValve，StandardHost 对应的 Valve 是 StandardHostValve，StandardContext 对应的 Valve 是 StandardContextValve，StandardWrapper 对应的 Valve 是 StandardWrapperValve。这里每一个 Pipeline 就好比一个管道，而每一个 Valve 就相当于一个阀门。

一个管道可以有多个阀门，而对于阀门来说有两种。

○ 第一种阀门在处理完自己的事情以后，只需要将工作委托给下一个与自己在同一管道中的阀门即可。

○ 第二种阀门衔接各个管道，负责将请求传递给下个管道的第一个阀门处理。它是每个管道中的最后一个阀门。上面的 StandardXXValve 就属于第二种阀门。

大家会发现，Tomcat 遇到的需求场景与我们目前面临的场景非常相似。

○ 不同的大模块协同完成

与之前面临的场景不同，有些需求场景没有主流程与分支流程之分，而是只能切出几个比较大的模块，整个需求由不同的大模块协同完成，例如 Tomcat 中的 Engine、Host、Context 和 Wrapper。不同的大模块有自己的逻辑与职责，甚至各个大模块之间可能会发生变化。用户可以新增大模块或扩展上面的任何一个大模块，所以需要考虑解耦。

○ 大模块内部又由小模块组合而成

每个大模块又由不同的小模块（也称为子模块）组成，小模块的职责、定位、边界相对比较清晰，但是具体的需求或者个性化实现可能会多种多样。例如，我们在 Web 开发中经常会扩展很多 Filter，这就是基于 Wrapper 中的扩展点与组合完成相应的功能。

4.3.2 思路抽象

当面临的需求很复杂的时候，首先需要对需求进行功能拆解、模块化拆分以及定位各个模块的职责和边界。这样一来，整个需求就可以由所有这些模块协同传递完成。这就是所谓的责任链模式。在这个模式中，没有所谓的主流程与分支流程的区分。

在 Tomcat 中，请求的处理流程其实就是采用了责任链模式。所谓的责任链模式的定义描述如下：

为了避免请求发送者与多个请求处理者耦合在一起，将所有请求的处理者通过前一对象记住其下一个对象的引用而连成一条链，当有请求发生时，可将请求沿着这条链传递，直到有对象处理它为止。

比如在处理一条消息时，需要判断消息的接收方是否在线，以及消息中是否含有敏感词检测等逻辑。借助于责任链模式，每个处理逻辑只负责自己的业务部分，用户只需将消息发送给责任链即可，无须关心请求的处理细节和请求的传递过程，请求会自动进行传递。这样一来，责任链就将请求的发送者和请求的处理者解耦了。

责任链模式是一种对象行为型模式，主要优点如下。

○ 降低了对象之间的耦合度。该模式使得一个对象无须知道到底是哪一个对象处理其请求以及链的结构，发送者和接收者也无须拥有对方的明确信息。

○ 增强了系统的可扩展性。可以根据需要增加新的请求处理类，从而满足了开闭原则。

○ 增强了给对象指派职责的灵活性。当工作流程发生变化时，可以动态地改变链内的成员或者调整它们的次序，也可动态地新增或者删除职责。

○ 责任链简化了对象之间的连接。每个对象只需保持一个指向其后继者的引用，不需保持其他所有处理者的引用，从而避免了使用众多的 if 或者 if…else 语句。

○ 责任分担。每个类只需处理自己该处理的工作，不该处理的工作则传递给下一个对象完成。责任分担明确了各个类的责任范围，符合类的单一职责原则。

在 Tomcat 中，责任链模式的实现的类图如图 4-10 所示。

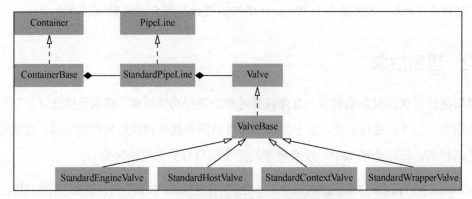

图 4-10　Tomcat 中责任链模式的实现的类图

在图 4-10 所示的这个责任链中有两个层次的责任：PipeLine 与 PipeLine 之间的传递、Valve 与 Valve 之间的传递。其中，实现这段传递关系的经典框架代码如下：

Valve 连接

```
@Override
  public void invoke(Request request, Response response) throws IOException,
  ServletException {
      try {
          // 调用 Servlet 之前的操作
          getNext().invoke(request, response);
          // 调用 servlet 之后的操作
      } finally {
```

```
                manager.afterRequest();
        }
    }
```

总结下来可以知道，当我们面临的问题需要一系列的节点传递配合解决，节点中并没有必不可少的节点，或者说各个节点的权重相同，无法对主流程和分支流程进行区分，甚至各个节点的顺序、各个节点之间的组合可能还会随着不同的需求而变化时，基于责任链模式的管道设计似乎是理想的设计方案。标准化的管道设计方案如图 4-11 所示。

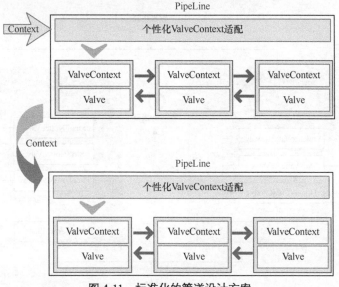

图 4-11 标准化的管道设计方案

4.4 问题优化

4.4.1 设计优化

基于前面的分析，我们将检测和通知设计为两个管道，而具体的实现则通过管道内部的 Valve 完成。大致思路如下。

1. 构建两个 PipeLine，使其对应两个业务点，合理定义边界。

2. 通过 ValidatePipeLineTemplate 封装当前的逻辑组合，并通过 ConditionOnMissingBean 保证后续 PipeLine 可以替换。

3. 每个管道有统一的 BaseValve，用户后续可以自由实现扩展。系统基于 Spring 容器动态获取 Bean 的能力来动态获取 BaseValve，从而实现解耦。同时，每个管道对应一个特定的 ValveContext。

4. 预留 Priority，保证扩展顺序。

基于管道机制实现的检测和通知设计图形化表示如图 4-12 所示。

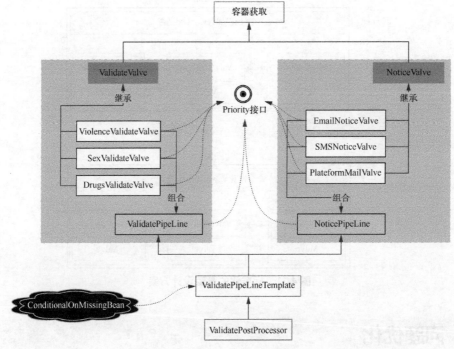

图 4-12　基于 PipeLine 模式的设计

4.4.2　关键代码

1．扩展点切入

首先，本着开闭原则，我们依然利用之前的扩展点进行扩展，然后衍生新的逻辑，构建 PostProcessor。相应的代码如下所示：

Pipeline 模式接入扩展点

```java
    @Component

public class ValidatePostProcessor implements TextRenderPostProcessor {



    @Autowired

    private ValidatePipeLineTemplate  validatePipeLineTemplate;

    public void handleAfter(PostContext<RenderBO> postContext ) {
        RenderBO renderBO=postContext.getBizData();


        ValveContext valveContext=new ValveContext();

        valveContext.getContextMap().put("renderBO",renderBO);


        validatePipeLineTemplate.getPipeLineList().forEach(pipeLine -> {
            pipeLine.invoke(valveContext);
        });
    }



    @Bean

    @ConditionalOnMissingBean(ValidatePipeLineTemplate.class)

    public ValidatePipeLineTemplate validatePipeLineTemplate(){
        ValidatePipeLineTemplate validatePipeLineTemplate=new
ValidatePipeLineTemplate();
        validatePipeLineTemplate.getPipeLineList().add(
            (PipeLine)ApplicationContextUtil.getBeanByName("validatePipeLine"));


        validatePipeLineTemplate.getPipeLineList().add(
            (PipeLine)ApplicationContextUtil.getBeanByName("noticePipeLine"));
```

```
            return validatePipeLineTemplate;
    }

}
```

在上述代码中，首先构建了管道执行模板（检测管道和通知管道）以代替模板方法并固化执行顺序，从而符合了现在的需求。然而，我们当前并不能确保后续需求不会发生改变，也不能确保一定不会修改管道或调整管道的顺序，所以这里设计了 ConditionalOnMissingBean。这样一来，如果后续这个需求有变更，用户可以在容器内重新构建 ValidatePipeLineTemplate，以调整其内部的模板顺序以及模板内容。

优化后的系统执行时序图如图 4-13 所示。

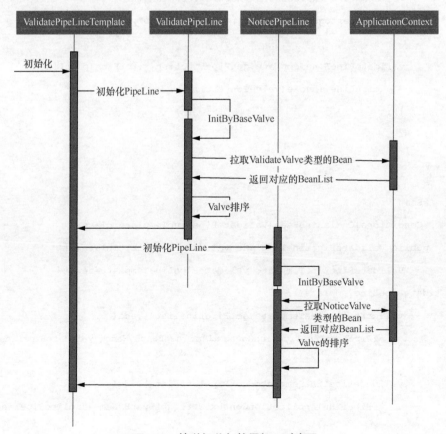

图 4-13　管道组装与扩展切入时序图

2. 构建 PipeLine

构建基础管道，基础管道内部设定的主要功能是收集管道对应的 Valve 并构建链表。相应的代码如下所示：

基础管道构建

```
    @Setter
@Getter
public  abstract class BasePipeLine< T extends Valve,C extends ValveContext>
  implements PipeLine  {
    private T firstValve;


    public void init(Class<T> valveClazz){
        List<T> vaList=   ApplicationContextUtil.getBeansOfType(valveClazz);
        if(CollectionUtils.isEmpty(vaList)){
            throw new RuntimeException(this.getClass()+"没有对应的Valve");
        }

        Collections.sort(vaList,
            (Comparator<T>)(o1, o2) ->
Integer.valueOf(o1.getPriprity()).compareTo(Integer.valueOf(o2.getPriprity())));

        for(int i=1;i<vaList.size();i++){
            vaList.get(i-1).setNext(vaList.get(i));
        }

        firstValve=vaList.get(0);


    }

}
```

在上述代码中可以看到，PipeLine、Valve、ValveContext 是一组，它们合起来对应一个业务逻辑。这三者的对应关系如图 4-14 所示。例如，在构建检测通道时，我们会构建 ValidatePipeLine、ValidateValve、ValidateValveContext。这样做具有如下好处。

○ ValidateValve 重新声明了管道的类型，这样就可以在业务管道启动时基于类型从容器中获取对应的所有扩展实现，然后进行链表拼接，从而使得实现具备动态扩展性。

○ ValidatePipeLine 继承了基础管道，记录了管道内部的 Valve 链表的头部，便于逻辑实现可以通过链表进行传递。同时，在激活链表时，ValidatePipeLine 负责将通用 Context 转换为业务特性的 Context，使得整个 Valve 的处理与协同更为方便。

○ 同一个业务类型的管道内部的 Valve 处理的是同一个业务逻辑，因此可以认为需要的上下文信息是一致的。这在设计中体现为一个管道对应一个个性化 Context 在 Valve 中传递。

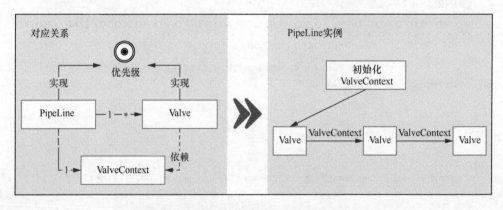

图 4-14　PipeLine、Valve 与 ValveContext 对应关系

基于基础管道实现检测机制的业务管道，代码如下所示：

对应的业务管道实现

```
@Component
public class ValidatePipeLine extends BasePipeLine<ValidateValve, ValidateValveContext> {


    @PostConstruct
```

```
    public void init(){
        super.init(ValidateValve.class);
    }
    @Override
    public void invoke(ValveContext valveContext) {
       RenderBO renderBO= (RenderBO)valveContext.getContextMap().get("renderBO");

       if(renderBO==null){
           throw new RuntimeException("renderBO 未设置!");
       }

       ValidateValveContext validateValveContext=new ValidateValveContext();
       validateValveContext.setContextMap(valveContext.getContextMap());
       validateValveContext.setText(renderBO.getText());
       super.getFirstValve().invoke(validateValveContext);
    }
  }


  }
```

3. 构建 Valve

在基础 Valve 中，我们更多的是帮助业务类构建链表，以便于后续的 Valve 链式传递。所以，基础 Valve 类中记录了 Next：

基础 Valve 实现

```
public abstract class BaseValve< T extends Valve,C extends ValveContext> implements Valve {

    private T next;

    @Override
```

```java
    public void setNext(Valve valve) {
        next= (T)valve;
    }


    @Override
    public Valve getNext() {
        return next;
    }


}
```

在特定管道下创建特定的基础 Valve，可使得程序流在管道内部驱动的时候直接从 Spring 容器中快速拉取相关的 Valve 子类：

内容校验基础 Valve

```java
public abstract class ValidateValve < T extends Valve, C extends ValveContext>
extends BaseValve<T,C> {

}
```

有了基础 Valve 后，下面尝试实现 ViolenceValidateValve，用于对内容中出现暴力的文本进行检测并替换：

暴力内容检测 Valve 的具体实现

```java
    @Component
public class ViolenceValidateValve  extends  ValidateValve {


    @Autowired
    private ViolenceValidateService violenceValidateService;
```

```
@Override
public void invoke(ValveContext valveContext) {

    ValidateValveContext validateValveContext= (ValidateValveContext)valveContext;

    ValidateResult validateResult= violenceValidateService.
    validate(validateValveContext.getText());

    if(!validateResult.isPass()){
        ((ValidateValveContext)valveContext).setPass(false);
    }

    if(super.getNext()!=null){
        super.getNext().invoke(valveContext);
    }
}
}
```

在这个 ViolenceValidateValve 类中，基于 ViolenceValidateService 外部接口进行特定业务需求实现，并将结果存储到上下文中以方便后续使用。同时，通过下述代码控制后续是否继续迭代，并传递业务逻辑。

```
super.getNext().invoke(valveContext)
```

通过这种方式，所有的暴力文本检测实现了解耦与离散化。

4.4.3 链表与 for 循环的区别

大家在前面提供的优化示例中会发现，我们其实有两层责任链，一层是外部的模块化管道实现；另一层是管道内部的 Valve 实现。这两层责任链使用了不同的驱动逻辑。

○　对于 PipeLine 的驱动

首先构建 pipeLineList，然后循环调用：

```
validatePipeLineTemplate.getPipeLineList().forEach(pipeLine -> {
            pipeLine.invoke(valveContext);
});
```

○　对于 Valve 的驱动

构建单项链表，然后进行链表传递：

```
super.getNext().invoke(valveContext);
```

那么，这两种调用方式在设计上有什么区别，以及怎么去进行技术选型呢？下面看一下这两种调用方式的对比，大家在看完之后应该就可以做出适合自己的选择了。

for 循环驱动方式（见图 4-15）具有如下优点：

○　实现比较简单，逻辑清晰；

○　用户不关注执行顺序，由上层容器统一调度；

○　关注点单一，更偏重于考虑当前节点的实现，而不需要考虑与其他节点的关系。

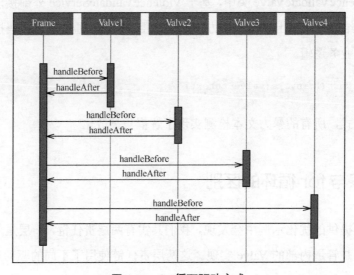

图 4-15　for 循环驱动方式

单向链表驱动方式（见图 4-16）具有如下优点：

○ 控制能力强，可以基于链表关系在执行链上快速地前后移动，以及控制后续节点是否执行；

○ 栈式调用，可以非常方便地拿到下一个逻辑点的处理结果并在当前函数中使用，以及可以非常方便地捕获到后面执行链路的异常并给予兜底方案。

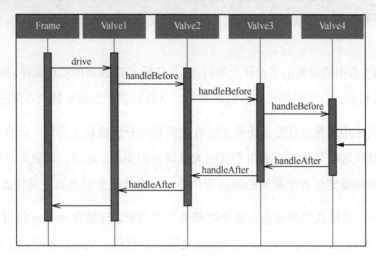

图 4-16 单向链表驱动方式

通过它们二者的优势分析可知，它们有不同的适用场景。

对于 for 循环驱动来说，当节点与节点之间是松散的关系，没有明显的依赖关系时，比较适用。例如，对于下面的这些机制，就比较适合使用 for 循环驱动方式。

○ PostProcessor 机制：对特性功能的前后增强，且大多情况下多个增强之间没有必然的联系。

○ 事件发布与通知机制：事件的产生与多个订阅者之间的通知，多个订阅者之间对事件的处理也没有太多必然的联系与依赖。

对于链表驱动来说，它关注节点之间的顺序，因此适用于链式处理。例如，如果前一个节点执行成功或者失败，后续节点是继续执行还是改变执行逻辑，这是节点内部控制的逻辑。下面这些情况就比较适合使用链表驱动方式。

○ 缓存：当缓存命中后，直接从缓存中读取结果，后续不再执行；如果缓存不命中，就存储到缓存中。

○ 限流：当出现访问量过大的情况，或者依赖资源或者服务出现瓶颈时，则直接进行限流，只允许一部分访问通过，其他访问则使用默认值或使用兜底方案代替。

4.5　总结

本章通过 4.1 节中的示例出了设计上的问题，并分析了 Tomcat 的实现思路，抽取了 PineLine 与 Valve 的设计机制，将其应用在当前的场景中，从而解决了当前场景中遇到的问题。

当面临的需求很复杂，且需求场景又没有主流程与分支流程之分时，只能切出来几个比较大的模块，然后这个复杂的需求由不同的大模块协同完成。此时，需要对需求进行功能拆解、模块化拆分以及定位各个模块的职责和边界。这也就是所谓的责任链模式。

当然，基于管道模式的封装会让整个逻辑变得更清晰，再结合 Spring 的容器机制，可使得 PipeLine 与 PipeLine 之间、Valve 与 Valve 之间相对解耦，从而具备动态扩展的能力。这样一来，用户后续在遇到类似问题时可以进行参考。

第 5 章
复用的人性化设计

05

5.1 抛出问题

张三接到需求，说是我们开发的功能不仅得到了内部团队的认可，也赢得了隔壁团队的好评。他们非常期望能直接复用，期望我们能提供一个服务接口好供他们直接调用，以进行产品的二次开发。

张三一听，这好办，配置个远程服务就可以。于是开始动手，定义对外服务接口：

对外服务接口定义

```
public interface IRenderService {
    public String render(UserInfo userInfo,String textKey);
}
```

将原有的实现类改变为实现该接口：

对外服务接口实现

```
@Service
@HSFProvider(serviceInterface= IRenderService.class)
public class RenderService implements IRenderService {

    @Autowired
    private TextDAO textDAO;


    public String render(UserInfo userInfo,String textKey){
        PostProcessorContainer postProcessorContainer = PostProcessorContainer.
        getInstance(TextRenderPostProcessor.class);

        //构造数据承载的数据结构
        RenderBO renderBO=new RenderBO();
        renderBO.setLoginUser(userInfo);

        boolean isContinue=postProcessorContainer.handleBefore(renderBO);
        if(!isContinue){
            return renderBO.getText();
        }

        String content=textDAO.getTextFromDb(textKey);

        renderBO.setText(content);

        postProcessorContainer.handleAfter(renderBO);

        return renderBO.getText();
```

```
        }


    }
```

注意

　　HSF 是阿里巴巴公司内部开发并使用的 RPC（Remote Procedure Call，远程过程调用）协议。只需要在代码中标记上 @HSFProvider 注解，系统就会自动将注解所对应的实现类暴露为 serviceInterface 所对应的远程协议。

　　从调用上来看，似乎远程调用与本地调用没什么区别。但是，在内部处理上，两者的机制却差别很大。

　　在远程调用过程中，假设有 A 和 B 这两台服务器，部署在服务器 A 上的应用 A 想要调用部署在服务器 B 上的应用 B 提供的函数/方法，由于应用 A 和应用 B 不在同一个内存空间，因此不能直接调用，而是需要通过网络来表达调用的语义并传达调用的数据。

　　由于调用方与被调用方是不同的进程，因此不能通过内存来传递参数。有时，甚至客户端和服务端都不是使用同一种语言开发的（比如服务端使用的是 C++，客户端使用的是 Java 或者 Python）。这时，就需要客户端先把参数转成一个字节流（编码），然后传给服务端，再由服务端把字节流转成自己能读取的格式（解码）。这个过程叫序列化和反序列化。同理，从服务端返回的值也需要序列化和反序列化的过程。

　　所以对于远程调用与本地调用来说，由于机制的不同，两者的处理方式也会有所不同。

　　○　结果的状态

　　在本地调用的时候，一旦有问题，调用方可以通过 try catch 语句捕获程序的异常，然后进行相应的处理。但是在远程调用的情况下，结果会经过一系列的序列化，甚至调用方使用的可能都不是 Java 语言（这里之所以强调是 Java 语言，原因是示例是使用 Java 语言实现的）。因此，抛出异常这种方式显然并不是对外提供服务的一种好方式。所以，给出一个成功或失败的 RPC 状态码在远程调用设计中是必不可少的。

○　错误码与异常的处理

上面提到，在本地调用的时候，如果出现异常，直接打印日志以便后续排查是很通用的思路。

在本地调用过程中，出现异常时更多的是考虑如何快速定位，所以会把异常栈、入参、出参等信息详细地打印出来，甚至抛出来统一处理。

在远程调用过程中，调用方更多地关注是为什么会失败、失败的原因是什么（比如是系统错误、参数错误，还是使用方式错误等导致的）。因此，返回一堆异常栈信息对调用方没有任何帮助。

所以，基于以上的分析得知，尽管在程序上我们可以做到远程调用和本地调用的实现方式的无感知，但是从设计角度来说，我们一定要实现一层远程服务代理类，并将调用结果进行包装后才可以透出。

基于分析对远程服务透出接口进行重新优化，具体分为如下几步。

1. 定义结果承载类。

相应代码如下所示：

| 远程调用结果封装

```java
@Data
public class RpcResult<T> implements Serializable {

    private static final long serialVersionUID = -1691666140893988985L;

    /**
     * 是否成功
     */
    private boolean success;
```

```java
/**
 * 返回的数据
 */
private T data;

/**
 * success=false 的情况下，错误提示
 */
private String errMsg;

/**
 * 错误 code
 */
private String errCode;


public RpcResult() {
}

public RpcResult(T data) {
    this.success = true;
    this.data = data;
}

public static <T> RpcResult<T> success(T data) {
    return new RpcResult<T>(data);
}

public static RpcResult successWithoutResponse(){
    return new RpcResult(null);
```

```
    }

    public static RpcResult error(String errMsg) {
        RpcResult rpcResult = new RpcResult();
        rpcResult.errMsg = errMsg;
        rpcResult.success = false;
        return rpcResult;
    }

    public static RpcResult error(String errCode, String errMsg) {
        RpcResult rpcResult = new RpcResult();
        rpcResult.errCode = errCode;
        rpcResult.errMsg = errMsg;
        rpcResult.success = false;
        return rpcResult;
    }

}
```

结果承载类中定义了调用结果成功或者失败的状态。同时，如果调用失败，则返回失败的错误码与错误信息，供用户进一步排查与定位。

2. 重新定义远程服务接口，进行结果封装。

相应代码如下所示：

```
public interface IRenderService {
    public RpcResult<String> render(UserInfo userInfo, String textKey);
}
```

3. 基于对外提供的远程服务接口构建代理类，进行结果分装。

相应代码如下所示：

远程服务实现代理

```
@Service

@Slf4j

@HSFProvider(serviceInterface=IRenderService.class)

public class IRenderServiceImpl implements IRenderService {

    @Autowired

    private RenderService renderService;

    public RpcResult<String> render(UserInfo userInfo) {

        try {

            String result= renderService.render(userInfo);

            return RpcResult.success(result);

        }catch (Exception e){

            Throwable throwable= ExceptionUtils.getRootCause(e);

            log.error(throwable.getMessage(),e);

            return RpcResult.error(throwable.getMessage());

        }

    }

}
```

上面的代理类隔离了远程服务与本地服务之间的直接通信。接下来，可以站在不同的角色视角进行不同的抽象。

○ 对于调用方

更关注的是调用成功还是失败。如果调用失败，则原因是什么以及如何快速解决。所以，需要封装异常信息，将其转化为错误码与错误信息后透传给调用方。

○ 对于服务方

更关注的是系统为什么会失败，所以会详细记录调用的入参、出参、异常日志等信息，并且将异常信息从返回结果中移除，避免给用户带来额外的困扰，同时也可避免过多的系统信息泄露。

以上才是我们认为的合理的远程服务调用设计方式，其层次结构如图 5-1 所示。

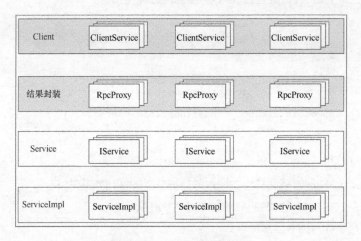

图 5-1　远程调用层次结构

5.2　问题分析

那么，上面的设计还有什么问题吗，或者有没有进一步优化的空间呢？

5.2.1　大量冗余代码

我们看一下生产环境中的代码截图，如图 5-2 所示。

有没有发现什么问题？如果仅仅是一个函数调用，那没什么问题。但是，如果有大量的远程接口，且每个接口又有很多函数暴露，而这一层逻辑又非常简单，或者说几乎没什么逻辑，则这种千篇一律的样板代码难免让人心烦。

如何解决这个问题呢？

```
@Override
public RpcResult<Void> saveOrUpdateKnowledge(Knowledge knowledge, SimpleUser updateUser) {
    try {
        RpcResult<Void> result=new RpcResult();
        knowledgeOperateService.saveOrUpdateKnowledge(knowledge, updateUser);
        result.setSuccess(true);
        return result;
    }catch (Exception e){
        logger.error(e.getMessage(),e);
        return RpcResult.error(e.getMessage());
    }
}

@Override
public RpcResult<Knowledge> getKnowledge(String knowledgeCode) {

    try {
        return RpcResult.success( knowledgeOperateService.getKnowledge(knowledgeCode));
    }catch (Exception e){
        logger.error(e.getMessage(),e);
        return RpcResult.error(e.getMessage());
    }
}

@Override
public RpcResult<SingleKnowledgeRecord> getKnowledgeRecord(String recordCode) {

    try {
        return RpcResult.success(knowledgeOperateService.getKnowledgeRecord(recordCode));
    }catch (Exception e){
        logger.error(e.getMessage(),e);
        return RpcResult.error(e.getMessage());
    }
}

@Override
public RpcResult<List<BizTreeBO>> listChildren(String tenant,String  currentNode ) {
    try {
        return RpcResult.success(knowledgeOperateService.listChildren(tenant,currentNode));
    }catch (Exception e){
        logger.error(e.getMessage(),e);
```

图 5-2　远程服务代理层实现代码

我们尝试进行一层简单的封装，构建一层简单的代理类来屏蔽大多数的代码：

远程服务统一回调封装

```
@Slf4j
public class RpcResultProxy {

    public static RpcResult proxy(Proxy proxy){


        try {

            return  RpcResult.success(proxy.proxy());

        }catch (Exception e){

            Throwable throwable=    ExceptionUtils.getRootCause(e);

            log.error(throwable.getMessage(),e);

            return RpcResult.error(throwable.getMessage());

        }
```

113

```
    }


    public static interface Proxy{

        public Object proxy();

    }

}
```

然后，后续在进行代码调用的时候直接通过代理类进行代理。通过这样简单的处理减少了大量的代码。

基于封装的回调简化远程服务代理

```
@Service

@HSFProvider(serviceInterface= IRenderService.class)

public class RenderServiceClient  implements IRenderService{


    @Autowired

    private RenderService renderService;

    @Override

    public RpcResult<String> render(UserInfo userInfo, String textKey) {

        return  RpcResultProxy.proxy(() -> renderService.render(userInfo,textKey));

    }

}
```

这种方式虽然大大减少了代码量，但是依然还存在大量固定的、冗余的胶水代码。如何才能彻底解决呢？

5.2.2 AOP 切割原子逻辑

当然，有开发人员给出了另外一种实现方式，如图 5-3 所示。

```
@Autowired
private ViewManageService viewManageService;

@Override
public ActionResult<String> createView(CreateViewCommand createViewCommand) {
    return ActionResult.success(viewManageService.createView(createViewCommand));
}

@Override
public ActionResult<String> modifyView(ModifyViewCommand modifyViewCommand) {
    return ActionResult.success(viewManageService.modifyView(modifyViewCommand));
}

@Override
public ActionResult<String> deleteView(DropViewCommand dropViewCommand) {
    return ActionResult.success(viewManageService.deleteView(dropViewCommand));
}
```

图 5-3   远程服务代理的另一种实现方式

当我看到这段代码的时候非常疑惑。这段代码的作用到底是什么？如果系统一定成功，那么还要 success 这个状态干什么，而如果不能保证一定成功，那么 error 的错误处理又在哪里？

我随后问了相关的代码开发人员，得知原来在另外一个地方有 AOP（Aspect Oriented Programming，面向切面编程），如图 5-4 所示。

```
@Pointcut("execution(public * com.wdk.odap.infrastructure.view.client.ViewCenterManageClientImpl.*View(..))")
public void requestCatch() {
}

@Pointcut("execution(public * com.wdk.odap.infrastructure.view.client.ViewCenterManageClientImpl.query*(..))")
public void queryCatch() {
}

@Around("requestCatch()")
public Object requestCatch(ProceedingJoinPoint point) {
    String methodName = point.getSignature().getName();
    BaseManageCommand baseCommand = (BaseManageCommand) point.getArgs()[0];
    try {
        LogUtil.vcInfo(String.format("[M] receive [%s] manage command.", methodName),
                String.format("[%s]-[%s]", baseCommand.getTenantCode(), baseCommand.getViewCode()),
                String.format("operator=[%s]", baseCommand.getOperator().toString()));
        Object result = point.proceed();
        LogUtil.vcInfo(String.format("[M] execute [%s] manage command success.", methodName),
                String.format("[%s]-[%s]", baseCommand.getTenantCode(), baseCommand.getViewCode()));
        return result;
    } catch (Throwable e) {
        LogUtil.vcInfo(String.format("[M] execute [%s] manage command fail.", methodName),
                String.format("msg=[%s]", ExceptionUtils.getRootCauseMessage(e)));

        LogUtil.vcError(String.format("[M] execute [%s] manage command fail.", methodName),
                String.format("arg=[%s]", JSON.toJSONString(baseCommand)),
                Throwables.getStackTraceAsString(e));
        return ActionResult.error(ExceptionUtils.getRootCauseMessage(e));
    }
}

@Around("queryCatch()")
public Object queryCatch(ProceedingJoinPoint point) {
    String methodName = point.getSignature().getName();
    try {
        return point.proceed();
    } catch (Throwable e) {
        LogUtil.vcInfo(String.format("[M] execute [%s] query fail.", methodName),
                String.format("msg=[%s]", ExceptionUtils.getRootCauseMessage(e)));

        LogUtil.vcError(String.format("[M] execute [%s] query fail.", methodName),
                String.format("arg=[%s]", JSON.toJSONString(point.getArgs())),
                Throwables.getStackTraceAsString(e));
        return ActionResult.error(ExceptionUtils.getRootCauseMessage(e));
    }
}
```

图 5-4   错误逻辑处理的 AOP 的切面

代码开发人员的内心是好的，他在看到了大量的重复代码后，就一心想着怎么去简化。从功能实现的视角来说，这似乎没什么问题，而且技术上也不错，有考虑到使用 AOP 来解决问题。我们看下他的设计大图，如图 5-5 所示。

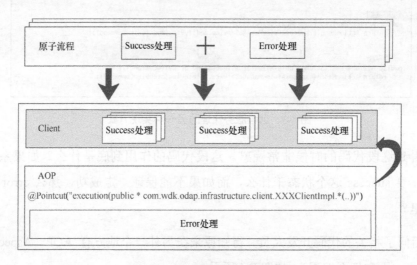

图 5-5　原子流程的 AOP 拆解

在图 5-5 所示的设计中，会有什么问题呢？

首先，在编写代码时有一个很重要的原则：考虑后续的可维护性。但是，由于他使用 AOP 将正常处理和异常处理进行了割裂，导致我在阅读他的代码时产生逻辑缺失。

我们来看这样一个例子。假设我要实现一个转账功能，让账户 A 向账户 B 转账 100 元。这样一来，"账户 A 减少 100 元和账户 B 增加 100 元"一定是一个原子操作。在利用程序实现时，实现方式可能会不同，但是逻辑一定是一样的（即都将其当作一个原子操作），甚至可以抽象为模板方法模式来实现。反过来，如果在实现一个转账功能时，逻辑是在账户金额增加的基础上进行 AOP，然后实现另外一个账户金额的减少，那么整个程序就会非常奇怪，后续的维护也非常困难，因为你永远不敢动这样的 AOP。

AOP 是一把利器，它在很多时候能发挥非常关键的作用。但是，我们也要对 AOP 这把利器心存敬畏，保持一定的原则。

那么，怎样使用 AOP 才能达到最佳效果呢？下面是一些相关经验，可供参考。

○ 保持其原子特性

AOP 本身是一个比较隐蔽的实现方式，通过在一个地方来切入另一个地方的逻辑，形成功能增强。但是，一旦逻辑不完整（比如像图 5-4 中那样），代码就会变得难以维护，从而给后续的维护人员带来困扰。而且，一旦功能发生变化，需要在两个地方同时修改。同时，由于 AOP 的隐蔽特性（这是最主要的），因此它很容易被人忽略，所以一定要保证 AOP 的逻辑完整性。假如我们想通过 AOP 实现日志打印的功能，那么入参和出参的打印要在同一个 ADVISOR 中完成，从而形成闭环（这也符合职责单一的原则）。

○ 屏蔽隐藏特性，增强可读特性

前面提到，由于 AOP 的实现比较隐藏，往往是在一个地方对另外一个地方的逻辑进行横切，这就导致它在代码中非常隐蔽，使得我们在问题排查时相当痛苦。

Spring 中大量使用了 AOP。例如，我们经常使用的 Transaction（事务）就是使用 AOP 完成的，那么对于事务的注解设计得就非常合理。当我们发现类或者方法打上 Transaction 注解时，就知道这段函数已经具备事务属性，因为这段函数通过注解 Transaction 进行了显示的声明。

○ 能力封装

AOP 特性可以很好地封装一段代码，而这段代码可以通过一个注解被快速驱动，这样的抽象能力也是我们必不可少的设计能力。

AOP 对于功能的增强，有独立性功能增强与协同性功能增强两种方式。

○ 独立性功能增强：类似于日志打印，日志打印功能对增强的方法几乎无感知，功能相对独立。

○ 协同性功能增强：类似于事务，与增强方法形成强耦合，影响增强方法逻辑，与增强方法构成不可分割的原子性整体。

以上两种功能增强的处理方式是不同的。

那么，基于我们的分析，再结合当前的场景，这种冗余代码该如何修改才能达到最佳效果呢？

我们先来看看 Spring 是如何解决这个问题的。

5.3　Spring 中事务的封装与复用

5.3.1　Spring 的事务处理

1．使用

假设我们有两个数据库操作，分别为 update1 与 update2：

```
//数据库操作 1
public void update1(){
    //...
}
//数据库操作 2
public void update2(){
    //...
}
```

现在我们要对其进行事务控制。**Spring** 中提供了两种事务操作：编程式事务和注解式事务。

○　编程式事务

编程式事务通过 TransactionTemplate 来完成。相应的代码示例如下所示：

编程式事务示例

```
@Autowired
private TransactionTemplate transactionTemplate;
```

```
public void updateWithTemplate(){
    transactionTemplate.execute(new TransactionCallbackWithoutResult() {
        @Override
        protected void doInTransactionWithoutResult(TransactionStatus
        transactionStatus) {
            update1();
            update2();
        }
    });
}
```

O 注解式事务

注解式事务通过注解来完成。相应的代码示例如下所示：

注解式事务示例

```
@Transactional(rollbackFor = RuntimeException.class)
public void updateWithAnno(){
    update1();
    update2();
}
```

当然，这两种事务操作的使用场景有所区别。

O 编程式事务

编程式事务使用 TransactionTemplate 作为统一回调函数，它能实现更精确的控制，但是却不得不产生大量千篇一律的代码。

○ 注解式事务

注解式事务建立在 AOP 之上，其本质是通过 AOP 功能对需要被增强的目标方法前后进行拦截，并将事务处理的功能编织到拦截到的方法中。也就是说，在目标方法开始之前启动一个事务，在执行完目标方法之后，再根据执行情况提交事务或者回滚事务。

注解式事务最大的优点就是不需要在业务逻辑代码中掺杂事务管理的代码，只需在配置文件中进行相关的事务规则声明或使用@Transactional 注解，便可以将事务规则应用到业务逻辑中，从而减少了业务代码的污染。

注解式事务唯一不足的地方是，其最细粒度只能作用到方法级别，无法像编程式事务那样作用到代码块级别。

2. AOP

在大多数情况下，我们一般推荐注解式事务，我们在设计时想参考的也是注解式事务。它的核心离不开 AOP 的编程思想。AOP 不是 OOP 的对立面，它是对 OOP 的一种补充。OOP 是纵向的，AOP 是横向的，两者相结合才能构建出良好的程序结构。否则，单纯的 OOP 在某些场景下会有一定的局限性。

例如，当有重复代码出现时，可以将其封装出来然后复用。我们可以通过分层、分包、分类来规划不同代码的逻辑和职责。但是，这里复用的都是核心业务逻辑代码，不能复用辅助逻辑代码，比如日志记录、性能统计、安全校验、事务管理等。这些辅助逻辑代码往往贯穿于整个核心业务，传统 OOP 很难将其封装：

辅助逻辑代码的充斥

```java
public class UserServiceImpl implements UserService {
    @Override
    public void doService() {
        System.out.println("---安全校验---");
        System.out.println("---性能统计 Start---");
        System.out.println("---日志打印 Start---");
```

```
            System.out.println("---事务管理 Start---");


            //核心业务逻辑实现
              handleBiz();


            System.out.println("---事务管理 End---");
            System.out.println("---日志打印 End---");
            System.out.println("---性能统计 End---");
        }
    }
```

OOP 是一种自上而下的编程方式，犹如一个树状图——A 调用 B、B 调用 C。这种方式对于业务逻辑来说是合适的，可通过调用或继承进行复用。而 AOP 就像一把闸刀，横向贯穿所有方法。OOP 与 AOP 的编程方式对比如图 5-6 所示。

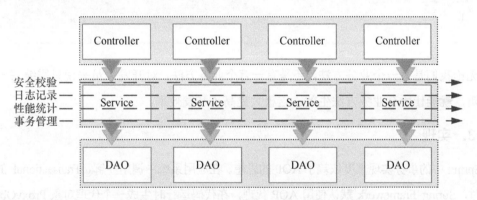

图 5-6　OOP 与 AOP 的编程方式对比

在图 5-6 中，这一条条横线仿佛切开了 OOP 的树状结构，OOP 中的每一层都会执行相同的辅助逻辑，这让逻辑的补充变得极为高效。同时，AOP 技术可以让在我们不修改原有代码的情况下，便能让切面逻辑在所有业务逻辑中生效。我们只需声明一个切面，写上切面逻辑接口即可：

示例代码 AOP 化修改

```
@Aspect // 声明一个切面
@Component
public class MyAspect {
    // 原业务方法执行前
    @Before("execution(public void com.rudecrab.test.service.*.doService())")
    public void methodBefore() {
        System.out.println("===AspectJ 方法执行前===");
    }


    // 原业务方法执行后
    @AfterReturning("execution(* com.rudecrab.test.service..doService(..))")
    public void methodAddAfterReturning() {
        System.out.println("===AspectJ 方法执行后===");
    }
}
```

无论我们是有一个业务方法，还是有一万个业务方法，对开发人员来说只需编写一次切面逻辑，就能让所有业务方法生效。这极大提高了开发效率。

3．实现

Spring 中的事务实现重度依赖了 AOP 的思想。在应用系统中调用注解@Transactional 的目标方法时，Spring Framework 默认使用 AOP 代理，在代码运行时生成一个代理对象 ProxyObject，如图 5-7 所示。

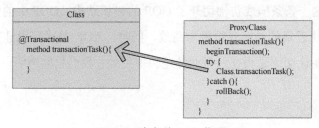

图 5-7　事务的 AOP 代理

整个事务的增强执行过程如图 5-8 所示。

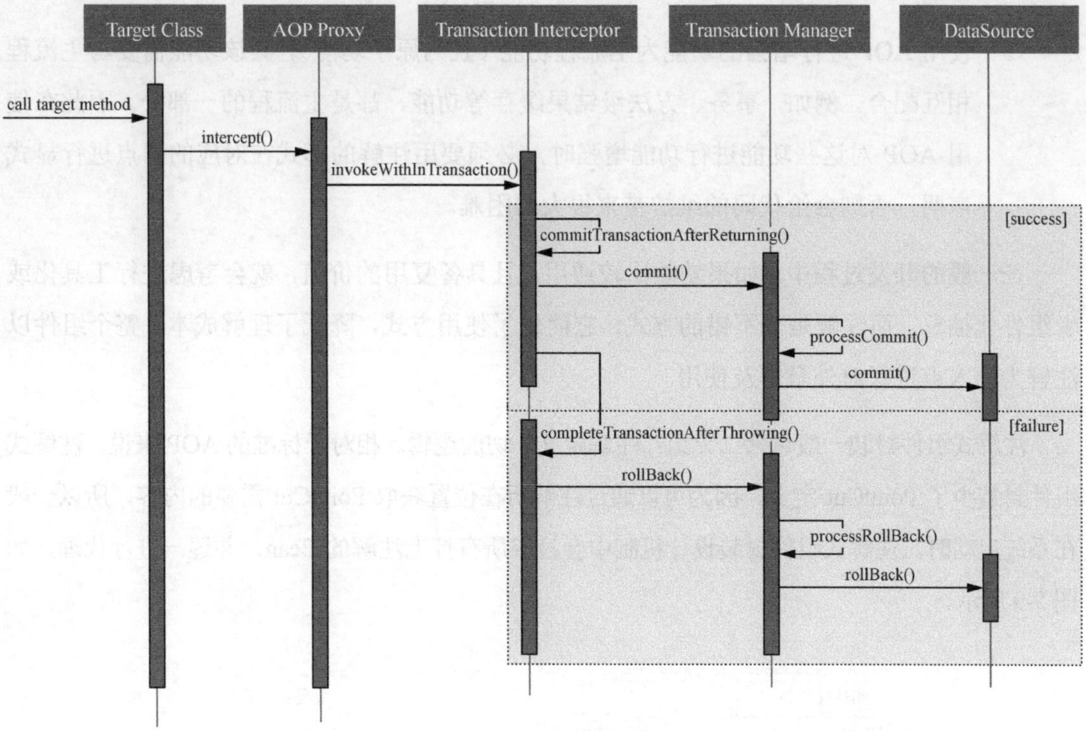

图 5-8　事务拦截时序图

在图 5-8 中，TransactionInterceptor（事务拦截器）在目标方法执行的前后进行拦截，DynamicAdvisedInterceptor（CglibAopProxy 的内部类）的 intercept 方法或 JdkDynamicAopProxy 的 invoke 方法会间接调用 AbstractFallbackTransactionAttributeSource 的 computeTransactionAttribute 方法，以获取 Transactional 注解的事务配置信息。

5.3.2　思路抽象

AOP 有下面两种使用方式。

○　使用 AOP 进行增强的功能与主流程相对独立，例如函数调用入参、异常日志打印等功能。这种增强功能的增加与否不会影响到主流程的业务逻辑。对于这种场景，可以通过 AOP 的 PointCut 方法通过第三方视角进行切入，让被切入点无感知，从而实现清爽的逻辑增强。

○ 使用 AOP 进行增强的功能为主流程功能（且为原子功能），其该功能需要与主流程相互配合。例如，事务、方法级结果缓存等功能，都是主流程的一部分。因此在使用 AOP 对这些功能进行功能增强时，必须要用注解的形式在对应的切点进行显式声明，否则会给代码的维护带来很大的困难。

在一般的开发过程中，如果功能比较通用，且具备复用的价值，就会考虑进行工具化或者组件化抽象。而注解是个不错的方式，它简化了使用方式，降低了理解成本。整个组件以注解为切入点进行对外暴露及使用。

注解式组件封装一般包括二元组：注解定义、切面逻辑。相对于标准的 AOP 来说，注解式组件封装少了 PointCut 定义，因为可以通过注解所在位置获取 PointCut 需要的内容，所以一般在系统启动时，注解式组件封装设计机制中会拉取所有打上注解的 Bean，并逐一进行代理，如图 5-9 所示。

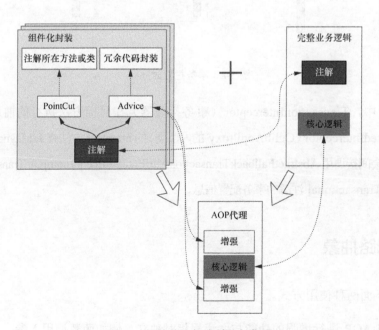

图 5-9　组件的注解式封装与代理

5.4 问题优化

结合 Spring 的思路与本章示例的使用场景，我们思考一下如何将 AOP 与代理类结合在一起。先回顾一下之前的设计，代码如下所示：

模板化代码

```
@Slf4j
public class RpcResultProxy {
    public static RpcResult proxy(Proxy proxy){

        try {
            return  RpcResult.success(proxy.proxy());
        }catch (Exception e){
            Throwable throwable=   ExceptionUtils.getRootCause(e);
            log.error(throwable.getMessage(),e);
            return RpcResult.error(throwable.getMessage());
        }
    }


    public static interface Proxy{
        public Object proxy();
    }
}
```

这是一段固定的代码（即模板化的代码）。这段固定的代码如何通过 AOP 自动化生成呢？

思索并整理后的思路如下。

1. 构建注解标识，标识所有需要代理的接口。

125

2. 基于注解所标识的服务类，通过动态代理将 RpcProxy 自动实现，从而代替手工实现。

3. 将代理类注册到 Spring 容器中，当调用 Client 层时可以进行 AOP。

初步的设计结果是保持原有的对外服务接口不变：

```
public interface IRenderService {
    public RpcResult<String> render(UserInfo userInfo, String textKey);
}
```

去除中间冗余的代理层，对于对外接口实现类，只需要打上标：

```
@RpcProvider(clientClass= IRenderService.class)
```

那么，在类的内部只要有对应的同名方法，系统就会自动封装对外服务结果，如下面的实现类所示：

```
@RpcProvider(clientClass= IRenderService.class)
@Service
public class RenderService {

    @Autowired
    private TextDAO textDAO;


    public String render(UserInfo userInfo,String textKey){
        //这是实现，将其忽略
        ......

    }

}
```

这也就使得我们无须手工编写大量重复的类似下面的胶水代码，从而实现自动化：

冗余胶水代码

```
try {
    RpcResult<Void> result=new RpcResult();
    //服务调用 ……
result.setSuccess(true);
    return result;
}catch (Exception e){
    logger.error(e.getMessage(),e);
    return RpcResult.error(e.getMessage());
}
```

本章的示例代码经过本节的优化后，整体设计如图 5-10 所示。

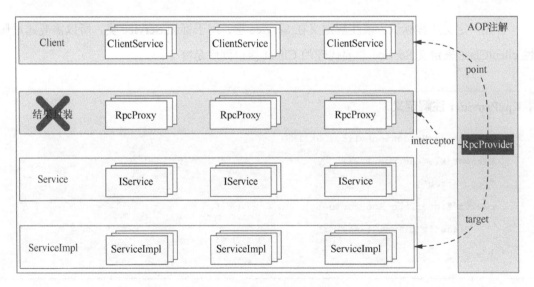

图 5-10　结果封装的自动化

这样一来，我们就做到了组件逻辑的高度封装，而且用户感知不到组件内部逻辑，学习成本很低，复用价值也实现了最大化。但是，就具体实现来说，该如何实现呢？

注意

　　这里只是用作演示，如果大家真的这么设计，下面的方法会变得非常危险。因为维护人员很难感知到在 Service 实现类中哪些方法需要暴露给外部，哪些是内部实现，所以会很容易不小心修改了方法入参或者出参，从而造成与对外接口类不一致的情况，最终导致系统异常。

　　针对这种情况，更好的设计一般是下面这样。

1. 在 Service 的对外方法上进行强制注解，同样标识出这个方法需要与远程服务保持一致。例如，@forRpc。

2. 在启动类中增加校验，一旦发现接口中的方法与需要对外暴露的方法不匹配，则禁止启动，从而使得问题可以及早暴露。

5.4.1　注解设计

　　首先，定义注解标识。该注解定义在 Service 层，用于标识 Service 类，所以需要通过属性 clientClass 来定义 Service 需要代理的 Client 接口到底是哪个：

RpcProvider 注解定义

```
@Retention(RetentionPolicy.RUNTIME)
@Target(ElementType.TYPE)
@Documented
public @interface RpcProvider {
    Class<?> clientClass() ;
}
```

5.4.2 定义切面逻辑

在定义拦截切面时需要考虑一个问题：在系统调用时调用的是接口，还是被代理增强后的接口？然而，增强的逻辑是在实现类中进行维护，实现类中通过注解的 client Class 属性关联到服务接口，所以在这种情况下只有反向关联，没有正向关联。也就是说，按照现在的设计，没有办法根据原始信息直接从服务接口映射到实现类，如图 5-11 所示。

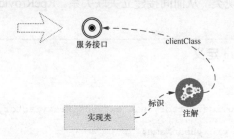

图 5-11　服务接口与实现类的反向关联

这时要考虑一个问题：如何为服务接口与实现类建立正向关联，以便在调用服务接口时可以直接找到对应的实现类？于是，我们给出了如图 5-12 所示的实现方案。

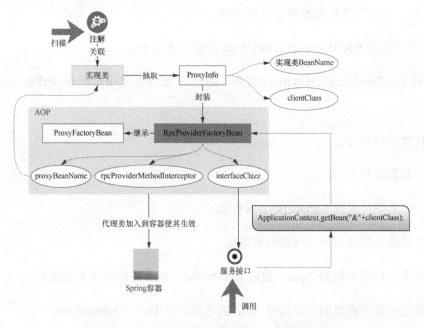

图 5-12　服务接口与实现类的正向关联构建方案

在图 5-12 所示的实现方法中，包含下面几个步骤。

1. 对 Spring 容器进行扫描，识别出所有被打上 Rpc Provider 注解的 Service Bean。

2. 将识别出来的 ServiceBean 封装为 RpcRroviderFactoryBean，它继承了 ProxyFactoryBean，但是比 ProxyFactoryBean 仅仅多了 proxyBeanName 属性，目的是为了在服务接口被拦截时可以根据拦截的 ServiceClientClass 直接定位到对应的 Bean，并根据 FactoryBean 的特性提取出对应的实现类，从而间接建立关联关系。RpcRroviderFactoryBean 的定义如下：

RpcRroviderFactoryBean 定义

```
@Data
public class RpcRroviderFactoryBean extends ProxyFactoryBean {
    private String proxyBeanName;
}
```

3. ProxyFactoryBean 是 AOP 的基础，它将 RpcProviderFactoryBean 需要的属性进行了填充，从而保障对应的类可以被代理。

4. 将新构建的 RpcRroviderFactoryBean 注册到容器中。

切换到 RpcProviderFactoryBean 视角，看一下如何构建 RpcProviderFactoryBean，具体包括：

❍ 代理接口是什么；

❍ 拦截器是什么；

❍ 用于后期反射的 ServiceBean 是什么。

上面这些信息需要在初始化的时候确定。

❍ 向下：扫描容器的 Bean，提取 RpcProvider 注解并解析相关的信息。

❍ 向上：基于提取的信息构建 AOP 的基础组件 ProxyFactoryBean。

RpcProviderFactoryBean 的逻辑拆解如图 5-13 所示。

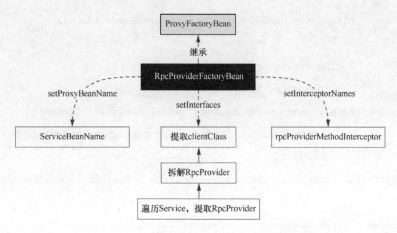

图 5-13 RpcProviderFactoryBean 的逻辑拆解

对应的注解扫描与代理类创建的代码如下:

注解扫描与 AOP 注册

```java
@Component
public class RpcProviderRegistor implements Bean FactoryPostProcessor,
ApplicationContextAware,
    ApplicationListener<ContextRefreshedEvent> {
    private static ApplicationContext applicationContextInner;
    private ConfigurableListableBeanFactory configurableListableBeanFactory;


    @Override
    public void setApplicationContext(ApplicationContext applicationContext)
    throws BeansException {
        applicationContextInner=applicationContext;
    }


    @Override
```

```java
    public void onApplicationEvent(ContextRefreshedEvent contextRefreshedEvent) {
        try {
            List<ProxyInfo> proxyInfoList=scanRpcProvider();


            for(ProxyInfo proxyInfo:proxyInfoList){
                RpcRroviderFactoryBean
rpcRroviderFactoryBean=createProxyBean (proxyInfo.clientClass);
                rpcRroviderFactoryBean.setProxyBeanName(proxyInfo.beanName);

rpcRroviderFactoryBean.setBeanFactory(configurableListableBeanFactory);

configurableListableBeanFactory.registerSingleton(proxyInfo.clientClass.
getName(),rpcRroviderFactoryBean);
            }
        } catch (Exception e) {
            throw new RuntimeException("RpcProviderRegistor error:"+e.getMessage(),e);
        }
    }


    @Override
    public void postProcessBeanFactory(ConfigurableListableBeanFactory
    beanFactory) throws BeansException {
        configurableListableBeanFactory=beanFactory;
    }


    private List<ProxyInfo> scanRpcProvider()throws Exception{
        List<ProxyInfo> result=new ArrayList<>();

        applicationContextInner.getBeansWithAnnotation(RpcProvider.class).
        forEach((name, instance) -> {

            ProxyInfo proxyInfo=new ProxyInfo();
```

```
            proxyInfo.beanName=name;

            RpcProvider rpcProvider = AnnotatedElementUtils.getMergedAnnotation

            (instance.getClass(), RpcProvider.class);

            proxyInfo.clientClass=rpcProvider.clientClass();


            result.add(proxyInfo);

        });


        return result;

    }



    private RpcRroviderFactoryBean createProxyBean(Class interfaceClazz){

        RpcRroviderFactoryBean factoryBean = new RpcRroviderFactoryBean();

        factoryBean.setInterfaces(interfaceClazz);

        factoryBean.setProxyTargetClass(false);

        factoryBean.setInterceptorNames("rpcProviderMethodInterceptor");

        return factoryBean;

    }



    private static class ProxyInfo{

        public Class clientClass;

        public String  beanName;



    }


}
```

上述代码对应的时序图如图 5-14 所示。

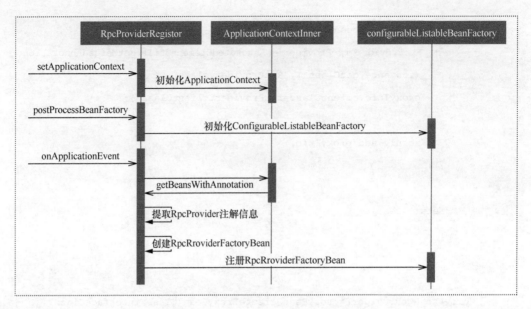

图 5-14 RpcProviderRegistor 初始化过程

5.4.3 定义拦截器

在定义 AOP 的拦截代理时，有下面这样一行代码：

```
factoryBean.setInterceptorNames("rpcProviderMethodInterceptor");
```

这行代码用于标识在对应的接口被切面拦截后，被代理的逻辑是什么。这里基于 AOP 的标准拦截方式来实现 MethodInterceptor 方法，以构建拦截逻辑：

远程服务结果封装代码

```
@Service("rpcProviderMethodInterceptor")
@Slf4j
public class RpcProviderMethodInterceptor implements MethodInterceptor,
Advice, ApplicationContextAware {
    private static ApplicationContext applicationContextInner;
    @Override
```

```
public Object invoke(MethodInvocation methodInvocation) throws Throwable {

    //获取 factorybean
    RpcRroviderFactoryBean rpcRroviderFactoryBean= (RpcRroviderFactoryBean)
    applicationContextInner.getBean(("&"+methodInvocation.
    getMethod().getDeclaringClass().getName()));

    Object proxyBean=applicationContextInner.getBean(rpcRroviderFactoryBean.
    getProxyBeanName());

     Method currentMethod=methodInvocation.getMethod();


    Method proxyMethod=proxyBean.getClass().getMethod(currentMethod.
    getName(),currentMethod.getParameterTypes());


    try {
        Object result=proxyMethod.invoke(proxyBean,methodInvocation.
        getArguments());
        return RpcResult.success(result);
    }catch (Exception e){
        Throwable throwable=    ExceptionUtils.getRootCause(e);
        log.error(throwable.getMessage(),e);
        return RpcResult.error(throwable.getMessage());
    }
}

@Override
public void setApplicationContext(ApplicationContext applicationContext)
throws BeansException {
    applicationContextInner=applicationContext;
```

```
        }
    }
```

当调用 Client 的时候，可以得到调用的 Client 信息。由于之前对 RpcProviderFactoryBean 的初始化与注册的准备工作，因此也可以从 RpcProviderFactoryBean 中获取对应的实现类。那么，此时主要就是通过入参的方法名与参数来判断对应的实现类中是否有对应的方法，如果有则进行反射，并使用 RpcResult 进行封装；如果没有则忽略。

示例经过优化后，其设计如图 5-15 所示。

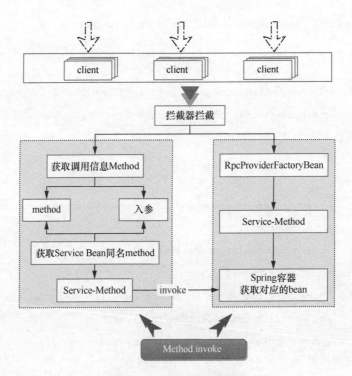

图 5-15　远程服务拦截逻辑

当然，在图 5-15 所示的实现中，如果为了更灵活以及考虑到后续扩展，也可以在 proxyMethod.invoke 执行之前、之后，以及异常情况下留出扩展点，供后续根据特殊的业务需求进行扩展。

5.5 总结

本章介绍了 AOP 的使用规范以及能力该如何封装。我们在需求和研发过程中通常会遇到各种通用的代码。在这种情况下，是把它抽象成工具类还是通过注解进行封装呢？这需要我们详细考虑。但是，无论如何，对于开发人员来说，逻辑清晰易于维护，对于用户来说，使用简单，能够快速驱动，才是最好用的。

所以在需求分析的过程中，我们需要尽可能地抽象出通用代码并将其封装成能力，从而让用户的感知更少，让代码更具备可读性，用起来很方便，内聚性更好，更为优雅。

第 6 章
屏蔽外部依赖的防火墙设计

6.1　抛出问题

第 5 章提到了需求的传递与协同，同时，在对外提供的远程服务示例中依赖了大量的外部接口，包括内容检测类接口以及消息通知类接口，如图 6-1 所示。

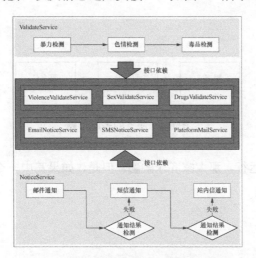

图 6-1　示例中的大量外部服务接口依赖

大家是否考虑过，大量的对外直接接口依赖会带来什么问题呢？

6.2 问题分析

大量的外部接口直接依赖最主要的影响包括服务雪崩与逻辑入侵。其中，服务雪崩会导致系统由于某个服务失败而导致整条链路的服务都失败，而逻辑入侵则会导致后续的维护成本急剧增加。

下面我们分别来看一下服务雪崩和逻辑入侵。

6.2.1 服务雪崩

1．描述

因为系统中依赖了大量的外部接口，因此系统的不稳定风险大大增加，任何一个接口的不稳定都会影响到系统的稳定性。

在分布式系统环境下，服务间的类似依赖非常常见，一个业务调用通常会依赖多个基础服务，如图6-2所示。

图6-2 服务的多层依赖

如果各个服务正常运行，那大家齐乐融融。但是，如果其中一个服务崩溃，会出现什么样的情况呢？来看图6-3。

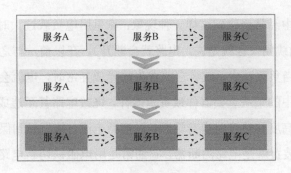

图 6-3　服务崩溃的传递

服务 A 的流量波动很大，流量经常会突然增加！在这种情况下，就算服务 A 能扛得住流量请求，服务 B 和服务 C 也未必能扛得住这突发的流量。

此时，如果服务 C 因为抗不住流量而变得不可用，那么服务 B 的请求也会阻塞，服务 B 的线程资源将慢慢耗尽，服务 B 就会变得不可用。紧接着，服务 A 也会变得不可用。

简单来说，由于一个服务失败而导致整条链路的服务都失败的情形，称为服务雪崩。当然，或许我们会直接想到相应的解决办法——超时设置。

大部分远程调用服务都会提供 timeOut 参数，该参数用于给某个服务调用设置超时时间，如果服务在指定的时间内未返回结果，则抛出调用超时异常 TimeoutException。

如果我们仔细想想就会意识到，这并不能真正地解决问题。

- 针对偶尔的抖动，系统一般可以自动恢复。因此，偶尔的抖动是可接受的，所以有时候会将超时时间设置得稍微大一点，例如设置为 3s。但是，一旦依赖系统崩溃，由于所有请求的超时时间都是 3s，那么会给系统带来灾难性的后果，会使得整个集群的吞吐量指数级降低，从而影响到正常的请求。

- 如果超时时间设置得很短，则体验又不太友好。有时候，由于请求量过大或者其他因素，请求超时时间虽然会稍微长一点，但是也能得到响应并获取结果。但是，超时时间设置得过短，则会造成大量的超时，严重影响体验。

2. 熔断设计模式

基于上面的问题，业内总结了一套有效的设计方式——熔断设计模式。

我们在日常生活中经常会碰到这样一种现象：家里用电负载过大时（比如开了很多家用电器），电路就会自动跳闸（也就是说，电路就会断开）。在以前，与之对应的一种更古老的方式是使用保险丝。当负载过大，或者电路发生故障或异常时，电流会不断升高。为了防止升高的电流损坏电路中的某些重要器件或贵重器件，烧毁电路甚至造成火灾，保险丝会在电流异常升高到一定的高度和热度时自身熔断，以切断电流，从而起到保护电路安全运行的作用。这个自动跳闸的装置就是电路熔断器，它通常是用电磁铁切断电路而不是烧毁电路。电路熔断器可以重复使用。

我们在软件中模仿电路熔断器的组件模式就是 Circuit Breaker。

在大型的分布式系统中，通常需要调用或操作远程的服务或资源。由于调用者各种不可控制的原因，比如网络连接缓慢、资源被占用或者暂时不可用，可能会导致对这些远程资源的调用失败。这些因素通常在稍后的一段时间内可以清除。但是，在某些情况下，一些无法预知的原因可能会导致结果很难预料，且调用的远程的方法或者资源可能需要很长的一段时间才能恢复。这些问题会严重到系统的部分失去响应，甚至导致整个系统完全不可用。在这种情况下，不断地重试可能解决不了问题，相反，应用程序应该立即返回并报告错误。

通常，如果一个服务器非常繁忙，那么系统中的部分失败可能会导致"级联失效"（cascading failure）。比如，某个操作可能会调用云端的服务，这个服务会设置一个超时时间，如果客户端的响应时间超过了该时间就会抛出一个异常。但是，这种策略导致并发的请求在调用同一个服务时，会进入阻塞状态，一直等到超时时间到期。这种对请求的阻塞可能会占用宝贵的系统资源，如内存、线程、数据库连接等，最终导致这些资源消耗殆尽，并迫使系统不相关的其他部分所使用的资源也耗尽，从而拖累整个系统。

在这种情况下，发起请求的应用程序应该立即返回错误而不是等待超时的发生。这可能是一种更好的选择。只有当调用服务有可能成功时，我们才再去尝试。

基于这种情况，熔断设计模式可以防止应用程序不断地尝试执行可能会失败的操作，从而使得应用程序继续执行而不用等待修正错误，或者浪费 CPU 时间去等待长时间的超时产生。熔断设计模式也可以使应用程序自行诊断错误是否已经修正，如果已经修正，应用程序会再次尝试发起调用请求。

熔断设计模式就像是那些容易导致错误的操作的一种代理。这种代理能够记录最近调用发生错误的次数，然后决定是允许操作继续，还是立即返回错误。

熔断设计模式可以使用状态机来实现，其内部会模拟以下几种状态（见图6-4）。

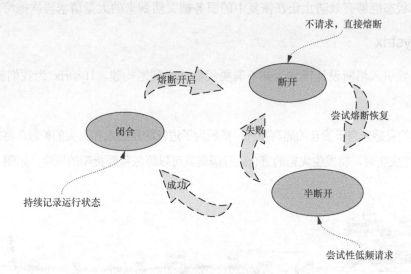

图6-4　熔断设计模式的状态切换

○　闭合（Closed）状态

在该状态下，熔断设计模式中的熔断器针对应用程序的请求会直接调用相应的方法。代理类维护了最近调用失败的次数（称为错误计数器）。如果某次调用失败，则使失败次数加1。如果最近失败次数超过了给定时间内允许失败的阈值，则代理类切换到断开（Open）状态。此时代理将开启一个计时器，当该计时器超过指定的时间后，则切换到半断开（Half-Open）状态。该超时时间的设定给了系统一次机会来修正导致调用失败的错误。

○　断开（Open）状态

在该状态下，熔断器针对应用程序的请求会立即返回错误响应。

○　半断开（Half-Open）状态

在该状态下，熔断器允许针对应用程序发起的一定数量的请求去调用服务。如果这些请求对服务的调用成功，那么可以认为之前导致调用失败的错误已经修正。此时，熔断器切换到闭合状态（并且将错误计数器重置）；如果这一定数量的请求中存在调用失败的情况，则认为导致之前调用失败的问题仍然存在，则熔断器切回到断开方式，然后重置计时器，给系统一定的时间来修正错误。

半断开状态能够有效防止正在恢复中的服务被突然到来的大量请求再次拖垮。

3. Hystrix

当然，要引入熔断设计模式，并不需要我们从头到尾构建，Hystrix 为我们提供了一整套解决方案。

Hystrix 的灵感来自于货仓的隔离模式：货船为了进行防止漏水和火灾的扩散，将货仓分隔为多个，当发生灾害时，将发生灾害的货仓进行隔离就可以降低整艘货船的风险，如图 6-5 所示。

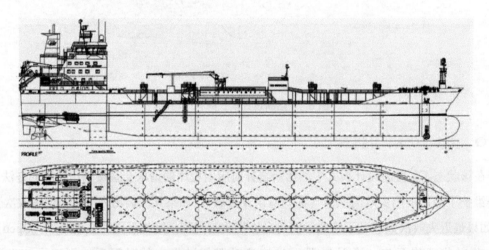

图 6-5　货仓的隔离模式（图来自网络）

如果一个应用没有与依赖服务的故障隔离开来，那么它将有可能因为依赖服务的故障而失效。Hystrix 将货仓模式运用到服务调用者上：为每一个依赖服务维护一个线程池（或者信号量），当线程池占满时，该依赖服务将会立即拒绝服务而不是排队等待。

每个依赖服务都被隔离开来，Hystrix 会严格控制其对资源的占用，并在任何故障发生时，执行故障回退逻辑。

下面看一个 Hystrix 的经典配置示例：

Hystrix 经典配置示例

```
HystrixCommandProperties.Setter setter=
    HystrixCommandProperties.Setter()


        //信号量隔离模式
        .withExecutionIsolationStrategy(HystrixCommandProperties.
ExecutionIsolationStrategy.SEMAPHORE)
        //是否开启熔断机制，默认为 true
        .withCircuitBreakerEnabled(true)


        .withExecutionTimeoutEnabled(true)
        .withFallbackEnabled(true)


        //使用信号量隔离时，命令调用最大的并发数
        .withExecutionIsolationSemaphoreMaxConcurrentRequests(console.
getMaxConcurrentRequests())
        //手动设置 timeout 超时时间，一个 command 运行超出这个时间，就被认为是 timeout,
            然后将 hystrix command 标识为 timeout,同时执行 fallback 降级逻辑，默认是 1000,
            也就是 1000ms
        .withExecutionTimeoutInMilliseconds(Double.valueOf(console.
getTimeoutSeconds()*1000).intValue())


        //统计周期内请求数超过 10 个时，熔断器开始采样
        .withCircuitBreakerRequestVolumeThreshold(10)


        //采样周期
        .withMetricsRollingStatisticalWindowInMilliseconds(30000)


        //熔断器中断请求 sleepSeconds 的时间后会进入半打开状态,放部分流量过去重试
        .withCircuitBreakerSleepWindowInMilliseconds(5*1000)
```

```
//如果请求超过了并发信号量限制，则不再尝试调用 getFallback 方法，而是快速失败
. withFallbackIsolationSemaphoreMaxConcurrentRequests(500)


    ;
```

当然，在 Spring 中会提供注解，类似于下面的代码这样：

Spring 中使用示例

```
@HystrixCommand(groupKey="UserGroup", commandKey = "GetUserByIdCommand",
commandProperties = {
  @HystrixProperty(name = "thread.timeout", value = "500")
},


threadPoolProperties = {
  @HystrixProperty(name = "coreSize", value = "30"),
  @HystrixProperty(name = "maxQueueSize", value = "101"),
  @HystrixProperty(name = "keepAliveTimeMinutes", value = "2"),
  @HystrixProperty(name = "queueSizeRejectionThreshold", value = "15"),
  @HystrixProperty(name = "metrics.rollingStats.numBuckets", value = "12"),
  @HystrixProperty(name = "metrics.rollingStats.time", value = "1440")
})
```

6.2.2　逻辑入侵

如果系统大量地依赖外部接口，除了会产生服务雪崩外，还会产生逻辑入侵，给系统带来一系列问题。

1．理解与维护成本升高

在微服务中，多个边界的上下文与上下文之间进行领域知识共享。如果直接进行依赖，则势必会造成对依赖接口知识的进一步理解（而本来是没有必要理解的）。这种知识理解包括：基于现有的领域模型到依赖系统的入参的构造、依赖系统的返回结果到现有领域模型的构造。而且这种远程服务一旦依赖得过多，就会造成用于拆包解包的胶水代码的逻辑泛滥，从而后续的维护造成困难，如图 6-6 所示。

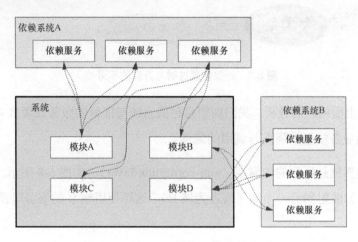

图 6-6　侵入到系统内部的依赖泛滥

2．系统切换与升级困难

相对于理解与维护成本，所依赖系统的升级带来的风险更为严重。

大多数应用程序依赖于其他系统的某些数据或功能。例如，旧版应用程序在迁移到新系统时，可能仍需要现有的旧资源。新系统必须能够调用旧系统。逐步迁移尤其如此。随着时间的推移，较大型应用程序的不同功能会迁移到新系统中。原来的旧系统通常会出现各种问题，如数据架构太复杂或 API 过时。旧系统中使用的功能和技术可能与新系统中的功能和技术有很大差异。若要与旧系统进行互操作，新系统可能需要支持过时的基础结构、协议、数据模型、API，或不会引入到新应用程序中的其他功能。保持新旧系统之间的互操作可以强制新系统至少支持某些旧系统的 API 或其他语义。这些旧的系统在出现各种问题时，支持它们"损坏"的可能会是那些完全设计的新应用程序。

不仅仅是旧系统，不受开发团队控制的任何外部系统（第三方系统）都可能出现类似的问题，如图 6-7 所示。

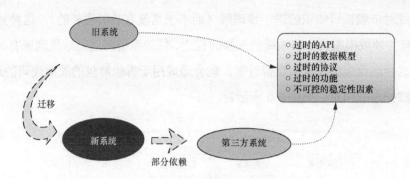

图 6-7　外部依赖过时与升级的不可控

所以，基于上面问题的分析，我们期望自己的系统与依赖的服务或者依赖的系统之间是隔离的，这包括业务模型的隔离与调用的隔离。

这种系统边界就是所谓的防腐层（anti-corruption layer），如图 6-8 所示。防腐层将一个域（假设为域 A）映射到另一个域（假设为域 B），这样使用域 B 的服务时就不会被域 A 的概念"破坏"。

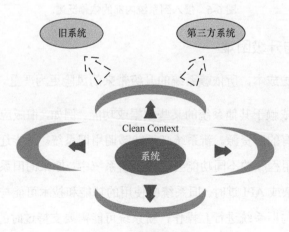

图 6-8　防腐层示例

在不共享相同语义的不同子系统之间实施的外观或适配器层，用来转换一个子系统向另外一个子系统发出的请求。该层转换一个子系统向另一个子系统发出的请求。使用防腐层模式可确保应用程序的设计不受限于对外部子系统的依赖。

防腐层用于隔离两个系统，允许两个系统相互之间在不知道对方领域知识的情况下进行集成。所谓的集成，主要指的是两个系统之间的模型（model）或者协议的转换，并且最终目的是为了方便系统用户的使用，而不是为系统提供方提供方便。进一步解释就是在不引入中间第三者模型的情况下，尽量把系统提供方的模型转换为系统用户的模型。

防腐层可隔离上游的功能，它通过已有接口和外部系统交互，然后在内部做己方和他方模型的转换。简单来说，防腐层主要是用来隔离两个系统之间的变化，防止一个系统的微小变化会影响到另外一个系统。

防腐层具有如下职责。

- 异常降级：对 RPC 可能出现的异常进行捕获。

- 超时/重试：统一管理 RPC 接口的超时和重试。

- 数据校验：对返回值的正确性和边界值进行校验、进行数据的基本防御，以及实现业务代码边界值相互依赖的解耦。

- 接口防腐：转换成 VO 对象时，避免因下游接口的修改而导致自身系统的修改。

6.3　思路抽象

基于上面的分析得知，尽管通过 Spring 的 AOP 代理能够在代码实现层面实现外部依赖与本地调用的无感知，然而，它们还是有很多大差别的。

- 稳定性

相对于本地调用来说，外部依赖是黑盒。本地调用可以细化到内部进行问题定位，但是外部依赖是不可再细分的原子服务，这就会导致逻辑、性能、稳定性都需要依靠对方保障，自己能做的事情有限，一旦发生问题，将完全不可控。

○　可维护性

在外部服务直接被大面积扩散使用后，一旦外部服务的接口升级，出现逻辑变更和入参、出参等变更，那么整个系统会面临非常大的改动，从而破坏系统的可维护性。

相对来说，如果是本地接口升级，由于本地调用对开发人员来说相当于一个白盒，因此开发人员可以对改动做出最大的权衡。例如，在 Service 内部进行屏蔽变更或者对原有 Service 进行扩展，以实现兼容等。

由于外部依赖相对于本地调用来说有着更多的不可控因素，基于对熔断设计模式与系统依赖问题的理解与学习，我们尝试设计一层防火墙，用来屏蔽外部系统依赖所带来的问题，在设计上进行全面的考虑来保证系统的稳定性与可控。相应的设计如图 6-9 所示。

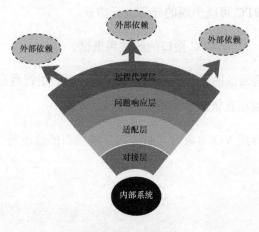

图 6-9　防火墙设计

在图 6-9 所示的设计中，在防火墙上进行了不同层次的过滤，实现了职责拆分以保证逻辑上的不耦合。防火墙中的每一层都有特定的职责。我们来看一下。

○　对接层

所有系统都要通过对接层对外部进行依赖。系统通过这一层定义对外部依赖的领域模型，关注点集中在"我能够提供什么与我想要什么"的数据结构上，从而屏蔽对外部服务领域模型的依赖。对接层可保证代码调用的洁净，避免外部接口的入参、出参的个性化转换分散在各个地方，导致维护起来很困难，以及后续接口升级可能带来的大面积改动。

○　适配层

适配层的定位是用于对接层定义的领域模型与外部数据服务所需要的领域模型的适配，这里面会包含远程服务的调用、基于当前信息对远程服务所需要的参数进行构造、远程服务所需要的结果到当前领域模型需要的数据结构的转换等。适配层更具有针对性以及个性化。

○　问题响应层

问题响应层对对依赖的外部服务进行统一保障。由于不同系统具有不同的稳定性策略以及熔断策略，所以问题响应层的具体实现取决于依赖的系统。同时，问题响应层还会掺杂一些兜底方案以及必要的入参、出参日志，以便进行问题排查和提升服务等级协议（SLA）。

○　远程代理层

远程代理层通过对远程服务调用接口的 AOP，实现远程调用的本地化与无感知。远程代理层直接与远程服务器交互。

6.4　问题优化

这里以远程邮件信息通知为例进行描述。

6.4.1　优化对接层

定义系统的依赖接口，包括能给出的信息以及需要的结果。从系统本身的视角来定义领域结构，避免对依赖系统数据结构的逻辑感知与耦合。相应的代码如下所示：

远程邮件信息通知接口定义

```
public interface RemoteEmailNoticeService {
    public Boolean notice(UserInfo useUser, String content);
}
```

6.4.2 构建防腐层

构建防腐层，以实现本地系统与外部依赖系统的中间适配，具体包括：

- 入参的构建；

- 结果的提取；

- 日志的打印；

- 熔断策略；

- 兜底方案等。

当然，根据前面章节的内容，还要看整体的逻辑复杂度与规范。如果规范要求严格按照防腐层分层，那就拆解为单一职责。例如，可以使用之前提到的 PipeLine 模式进行需求的传递以及协同处理。如果没有严格要求，而且逻辑比较简单，则可以直接写在同一个代码中，以便快速交付。

用于构建防腐层的代码如下所示：

防腐层的构建

```
@Service
@Slf4j
public class DefaultRemoteEmailNoticeServiceImpl implements RemoteEmailNoticeService
{
    //不可以扩散远程调用
    @HSFConsumer
    private EmailNoticeService emailNoticeService;
    //
    ///**
    // * 参数默认，可以根据业务需要修改
    // * @param userInfo
    // * @param content
```

```
// * @return
// */
@HystrixCommand(fallbackMethod = "retryNotice", commandProperties=@HystrixProperty
(name="execution.isolation.strategy", value="SEMAPHORE") )
public Boolean notice(UserInfo userInfo, String content){

    //入参组装
    ValidateUserInfo validateUserInfo=new ValidateUserInfo();
    validateUserInfo.setUserCode(userInfo.getUserCode());
    validateUserInfo.setUserName(userInfo.getUserName());


    RpcResult<Boolean>  rpcResult= emailNoticeService.notice
    (validateUserInfo,content);


    if(rpcResult.isSuccess()){
        //出参提取
        return rpcResult.getData();
    }


    //异常日志打印
    log.error("error:"+rpcResult.getErrMsg()+"param:userInfo:"+JSON.
    toJSONString(userInfo)+",content:"+content);
    throw new RuntimeException(rpcResult.getErrMsg());


}


public Boolean retryNotice(){
    //如果是业务异常则忽略，返回 false
    //如果是系统异常则发送 MQ；先返回 true，等待后续重试


    //代码逻辑忽略
    return true;
```

```
        }
    }
```

整体的标准化的防腐层优化方案如图 6-10 所示。

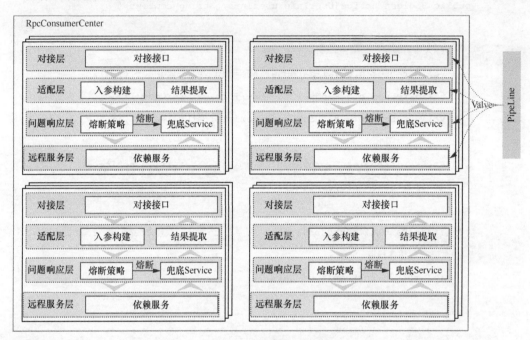

图 6-10　防腐层优化方案

6.5　总结

在现有的编程体系中很少有孤立的系统，任何系统都会或多或少地与外部系统交互。那么，如何保障依赖的外部系统不影响当前系统呢？

本章介绍了在依赖外部系统时会带来的两大类影响：服务雪崩、逻辑入侵。

就当前来说，针对上述影响的比较好的处理方式就是构建防腐层。防腐层可隔离当前系统与外部系统的依赖。

○ 从可维护性上：通过这种方式可以隔离对外部系统的依赖与感知，在面临外部系统升级、API 过时、功能废弃等情况时可以轻松应对，而不至于造成系统的大面积改动。

○ 从稳定性上：针对远程服务个性化的熔断策略以及兜底方案，可保障系统不被外界的抖动所影响，并做到有问题时快速响应，从而保障当前系统的 SLA。

对于防腐层的构建，定义了 4 层处理，分别是对接层、适配层、问题响应层和远程代理层。从实现的视角来看，在实现标准化的防腐层时可以考虑 PipleLine 模式，以构建远程处理通道，每一层对应通道中的一个 Valve。基于 PipleLine 的扩展性设计，可以很容易地通过开闭原则应对后续的系统变更，如追加打印、调用日志等额外功能。

第 7 章
事件的分散性与协议化封装

07

7.1 抛出问题

张三由于之前做得还不错，加上开发的产品也得到了很多人的认可，因此部门成立了项目组，并追加了 3 名员工，张三也成为项目组内的架构师，负责整个产品的研发和架构。

这天，张三接到需求，需要对系统进行全面的升级与能力建设。产品经理整理了 4 个方向的若干个功能，具体如下。

- 通知类：
  - 在发布、订阅、异常、下线时，都需要通知用户。
- 推广类：
  - 用户发布信息后需要调用推广类模块进行引擎索引，以被外部检索到；
  - 当检测到内容违规或者内容下线时需要删除索引。

- ○ 订阅类：

  - ➤ 当内容上线时可被订阅；

  - ➤ 当内容下线时不可被订阅；

  - ➤ 当内容下线时原有订阅会被失效。

- ○ 统计类：

  - ➤ 实时统计与内容发布、订阅、异常、下线相关的大盘数据。

从这些需求来看，这是个大项目。那么，该怎么合理地设计并进行人员分工呢？合理的内容拆分与工作分配是架构师的必备技能之一。考虑到之前在开发项目的时候，在系统发布、订阅、异常、下线时都留出了扩展点，那么，我们是不是设计、开发一些 PostProcessor 的扩展点就可以了呢？

于是，根据需求整理了对应的扩展点，具体如下。

- ○ 发布时：

  - ➤ 实现通知 PostProcessor；

  - ➤ 实现统计 PostProcessor；

  - ➤ 实现索引建立 PostProcessor；

  - ➤ 实现可被订阅状态更新 PostProcessor。

- ○ 订阅时：

  - ➤ 实现通知 PostProcessor；

  - ➤ 实现统计 PostProcessor。

- ○ 异常时：

  - ➤ 实现统计 PostProcessor；

  - ➤ 实现通知 PostProcessor。

○　下线时：

  ➢　实现统计 PostProcessor；

  ➢　实现通知 PostProcessor；

  ➢　实现索引删除 PostProcessor；

  ➢　实现订阅关系解除 PostProcessor；

  ➢　实现不可订阅 PostProcessor。

根据上面的扩展点在对应的扩展点之上进行扩展，并且满足了开闭原则。于是，给出了第一版的设计，如图 7-1 所示。

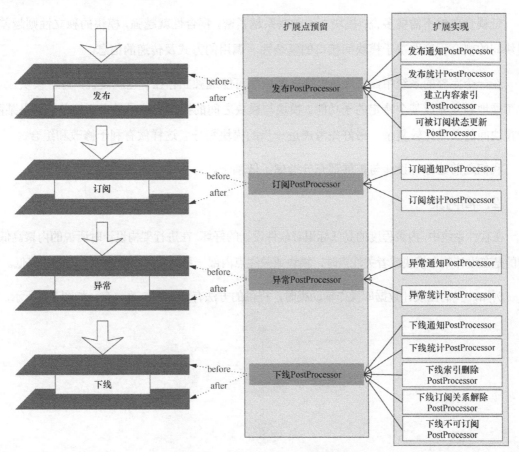

图 7-1　基于 PostProcessor 的扩展设计

7.2　问题分析

那么，上面的设计是否完美呢？我们尝试查找设计中的问题。

7.2.1　扩展类爆炸

在图 7-1 所示的设计中，PostProcessor 太多，逻辑过于分散，这会使得系统在后期维护时非常麻烦。而系统在设计时应该要考虑低耦合、高内聚。

1．低耦合

低耦合自然不需要多说：模块之间的联系越紧密，耦合性就越强，模块的独立性则越差。模块间的耦合程度取决于模块间接口的复杂性、调用的方式及传递的信息。

在一个完整的系统中，模块与模块之间应尽可能地独立存在。也就是说，每个模块应该尽可能地独立完成某个特定的子功能。模块与模块之间的接口应该尽量少而简单。如果某两个模块间的关系比较复杂，最好先考虑进一步的模块划分。这样做有利于修改和组合。

我们之前的各种设计与扩展都充分考虑了低耦合。

2．高内聚

在软件系统中，内聚程度的高低标识着软件设计的好坏。在进行架构设计时所说的内聚高低，指的是在设计某个模块或者关注点时，模块或关注点内部一系列相关功能的相关程度的高低。

例如，我们在设计数据库操作辅助类时，提供的方法有增、删、改、查，如图 7-2 所示。

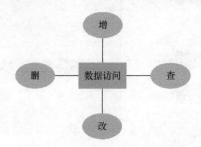

图 7-2　数据库访问组件的高内聚

通过这样的方式，这个数据库组件只需负责数据库操作即可。这样带来的好处也是显而易见的：提供了更好的可维护性和可复用性。

基于高内聚、低耦合的定义与约束，我们再来分析当前场景。模块之间的低耦合本来是程序设计追求的方向，可使得底层代码得到最大化的复用。然而，在当前的示例中出现了场景与阶段这两个维度，如图 7-3 所示。

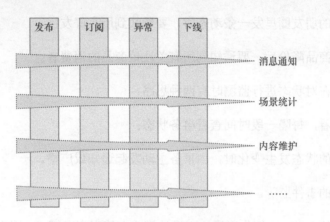

图 7-3　场景与阶段的双向维度事件组合

在图 7-3 中，发布、订阅、异常、下线这 4 个阶段都会有消息通知场景的需求，需要在这 4 个阶段的扩展埋点中进行扩展，实现消息通知。这样，一个消息通知功能就需要实现 4 个扩展类。

按照这个逻辑，假设现在有 4 个阶段、5 个场景的逻辑需要处理，那么理论上需要 20 个扩展类才可以完成，而且每增加一个阶段或者一个场景都会成倍地增加扩展实现类。这对于维护人员来说无疑是非常痛苦的。

7.2.2　扩展机制与监听机制的错用

基于当前场景的特性，使用监听机制来代替直接的 PostProcessor 似乎更为合理。

首先来简单看一下监听机制。

1．监听机制

我们多少都遇到过这样一些场景：在这些场景中，需要关注某一件事物的状态变化，当状态发生变化时需要进行相应的操作或处理，比如：

○ 发生一笔比特币交易时，发生交易的节点要向其他节点广播相关信息，并由其他节点进行计算和记录；

○ 在微信的朋友圈里发一条动态时，要通知到所有好友；

○ 在某个商品降价后，要通知到所有关注该商品的消费者。

一般来说，在对状态进行监测时有两种思路：

○ 轮询查看，每隔一段时间查看事务状态；

○ 当事务的状态发生变化时，由事务主动发起通知或广播。

这就是所谓的事件监听。

在进一步介绍之前，我们先回顾一下设计模式中的观察者模式，因为事件监听机制可以说是在典型的观察者模式基础上的进一步抽象和改进。在 JDK 或者各种开源框架（比如 Spring）中都可以看到观察者模式的身影。从这个意义上说，事件监听机制也可以看作一种对传统观察者模式的具体实现（不同的框架对其实现方式会有些许差别）。

典型的观察者模式将有依赖关系的对象抽象为观察者和主题这两个不同的角色。多个观察者同时观察一个主题，两者只通过抽象接口保持松耦合状态。这样双方可以相对独立地进行扩展和变化。比如，可以很方便地增删观察者，可以修改观察者中的更新逻辑而不用修改主题中的代码。

但是，这种解耦进行得并不彻底，具体体现在以下几个方面：

○ 主题需要依赖观察者，而这种依赖关系完全可以去除；

○ 主题需要维护观察者列表，并对外提供动态增删观察者的接口；

○ 主题在状态改变时需要由自己去通知观察者进行更新。

我们可以把主题替换成事件，把对特定主题进行观察的观察者替换成对特定事件进行监听的事件监听器，而把原有主题中负责维护主题与观察者映射关系以及在自身状态改变时通知观察者的职责从中抽出，放到事件发布器这个新的角色中。这样，所谓的事件监听机制就出来了，如图 7-4 所示。

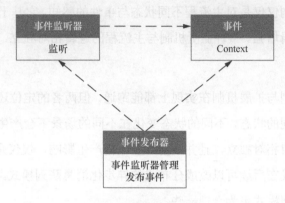

图 7-4　事件监听机制

在图 7-4 中，常见的事件监听机制的主要角色如下。

○ 事件：对应于观察者模式中的主题。事件源发生某事件是特定的事件监听器被触发的原因。

○ 事件监听器：对应于观察者模式中的观察者。事件监听器监听特定事件，并在内部定义了事件发生后的响应逻辑。

○ 事件发布器：事件监听器的容器，对外提供发布事件和增删事件监听器的接口，维护事件和事件监听器之间的映射关系，并在发生事件时负责通知相关的事件监听器。

事件监听机制的核心思路就是广播通知。它维护一个事件监听器列表（即被通知者的列表），然后根据事件源的某些状态变化来触发通知操作。监听器在接收到通知后做出相应的操作。

2．事件监听机制与扩展机制的使用区别

在了解了事件监听机制后，再来看一下它与之前提到的 PostProcessor 扩展机制的区别。

○ PostProcessor 偏重于逻辑的扩展，是对主流程的补充，可使主流程更充分、更全面地处理各种使用场景、各种个性化需求；可帮助主流程覆盖更多的场景，增大处理面积；同时运行结果与主流程相关。但是，PostProcessor 扩展机制可能会影响主流程的程序流走向。

○ 事件监听机制仅仅是对主流程不同状态与事件的感知，它基于不同状态与事件的感知来实现逻辑增强。事件监听机制与主流程的逻辑相对独立，不会影响主流程的程序走向。

尽管事件监听机制与扩展机制在实现上都能跑通，但两者的定位还是有区别的。在当前的场景中抽象出了不同的状态，不同的状态变化在不同的场景下会产生不同的处理动作。这种动作与主流程的逻辑相对独立，且并不会对主流程产生影响，仅仅是一个外部分支而已。甚至，这种动作的触发在后续可以改成分布式的异步化消息队列模式。所以在这种情况下，使用事件的发布与订阅模式更为合理一些。

基于上面对事件监听机制与 PostProcessor 扩展机制的分析，可以认为在当前场景中使用发布/订阅的事件监听机制是合理的，能更贴近当前场景。但是，如何基于现有的 PostProcessor 扩展点引入事件监听机制并解决扩展爆炸的问题呢？似乎仍然没有找到答案。

WebSocket 或许能给我们提供一些思路。

7.3　WebSocket 事件的封装与协议化

对于当前遇到的问题，我们尝试从 WebSocket 的实现中寻找答案。

7.3.1　WebSocket

众所周知，传统的 HTTP 协议是无状态的，每次请求都要由客户端（如浏览器）主动发起，服务端在收到请求后进行处理并返回响应结果。服务端很难主动向客户端发送数据。

对于信息变化不频繁的 Web 应用来说，这种"客户端是主动方，服务端是被动方"的传统 Web 模式能够胜任工作。但是，这给涉及实时信息的 Web 应用（如具有即时通信、实时数据传输、订阅推送等功能的应用）带来了很大的不便。

WebSocket 是 HTML5 中的一种新协议。它实现了浏览器与服务端之间的全双工通信，能更好地节省服务端资源和带宽，并实现实时通信。WebSocket 建立在 TCP 之上，与 HTTP 一样通过 TCP 传输数据。

它和 HTTP 最大的不同是：

○ WebSocket 是一种双向通信协议，在建立连接后，WebSocket 服务端和浏览器/客户端（代理）都能主动向对方发送或接收数据（就像 Socket 一样）；

○ WebSocket 需要类似 TCP 协议中的连接端和被连接端通过握手连接，连接成功后才能相互通信。

使用非 WebSocket 模式时，传统的 HTTP 客户端与服务端的交互如图 7-5 所示。

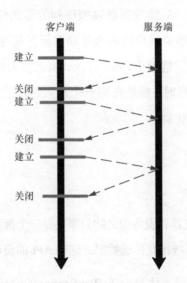

图 7-5　传统的 HTTP 客户端与服务端的交互

使用 WebSocket 模式时，客户端与服务端的交互如图 7-6 所示。

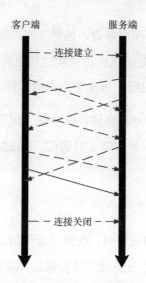

图 7-6　在 WebSocket 模式下，客户端与服务端的交互

通过对图 7-5 和图 7-6 可以看出，相对于传统 HTTP 的每次请求/应答都需要客户端与服务端建立连接的模式，WebSocket 的通信模式类似于 Socket 的 TCP 长连接。

一旦 WebSocket 连接建立，后续数据都以帧序列的形式传输。在客户端断开 WebSocket 连接或服务端断开连接前，不需要客户端和服务端重新发起连接请求。在海量并发及客户端与服务端交互的负载流量很大的情况下，WebSocket 模式极大地节省了网络带宽资源的消耗。而且，客户端在发送和接收消息时，都是在同一个持久连接上发起的。可以看到，WebSocket 具有明显的性能优势和实时性优势。

7.3.2　通信设计

在 WebSocket API 中，浏览器和服务端之间只需要做一个握手的动作，然后两者之间就形成了一条快速通道。两者就可以直接相互传送数据。这种 API 的设计机制就是我们感兴趣的设计。

我们来看看具体的实现代码，体验一下 WebSocket 的设计。

1. 使用 WebSocket 构建服务端

创建一个 WebSocket 服务端类 MyWebSocketServer，并在类前添加注解。相应的代码如下所示：

```
@ServerEndpoint(value = "/websocket")
```

将 WebSocket 服务端运行在指定的访问端点上。相应的代码如下所示：

```
ws://[Server 端 IP 或域名]:[Server 端口]/项目名/websocket
```

然后基于接口实现 onOpen、onClose、onMessage、onError 等方法：

WebSocket 服务端实现

```
@ServerEndpoint(value = "/websocket")
@Slf4j
public class MyWebSocketServer {


    /**
     * 连接建立后触发的方法
     */
    @OnOpen
    public void onOpen(Session session) {
        log.info("onOpen" + session.getId());
        WebSocketMapUtil.put(session.getId(), this);
    }


    /**
     * 连接关闭后触发的方法
     */
    @OnClose
    public void onClose(Session session) {
        //从 map 中删除
        WebSocketMapUtil.remove(session.getId());
```

```
        log.info("====== onClose:" + session.getId() + " ======");
    }


    /**
     *  接收到客户端消息时触发的方法
     */
    @OnMessage
    public void onMessage(String params, Session session) throws Exception {
        //获取服务端到客户端的通道
        MyWebSocketServer myWebSocket = WebSocketMapUtil.get(session.getId());
        log.info("收到来自" + session.getId() + "的消息" + params);
        String result = "收到来自" + session.getId() + "的消息" + params;
        //返回消息给 WebSocket 客户端（浏览器）
        myWebSocket.sendMessage(session,1,"成功! ", result);
    }


    /**
     *  发生错误时触发的方法
     */
    @OnError
    public void onError(Session session, Throwable error) {
        log.info(session.getId() + "连接发生错误" + error.getMessage());
        error.printStackTrace();
    }


    public void sendMessage(Session session,int status, String message,
    Object datas) throws IOException {
        JSONObject result = new JSONObject();
        result.put("status", status);
        result.put("message", message);
        result.put("datas", datas);
        session.getBasicRemote().sendText(result.toString());
```

```
    }

}
```

其中使用到的工具类 WebSocketMapUtil 用于记录连接用户的会话（session）信息。相应的代码如下：

```
public class WebSocketMapUtil {

    public static ConcurrentMap<String, MyWebSocketServer> webSocketMap =
    new ConcurrentHashMap<>();

    public static void put(String key, MyWebSocketServer myWebSocketServer) {
        webSocketMap.put(key, myWebSocketServer);
    }

    public static MyWebSocketServer get(String key) {
        return webSocketMap.get(key);
    }

    public static void remove(String key) {
        webSocketMap.remove(key);
    }

    public static Collection<MyWebSocketServer> getValues() {
        return webSocketMap.values();
    }

}
```

2. 使用 WebSocket 构建客户端

在使用 WebSocket 构建客户端时，主要分为以下两步。

- 创建 WebSocket 客户端类 MyWebSocketClient，并继承 WebSocketClient。

- 实现构造器，重写 onOpen、onClose、onMessage、onError 等方法。

WebSocket 客户端实现

```java
public class MyWebSocketClient extends WebSocketClient{
    Logger logger = Logger.getLogger(MyWebSocketClient.class);
    public MyWebSocketClient(URI serverUri) {
        super(serverUri);
    }
    @Override
    public void onOpen(ServerHandshake arg0) {
        // TODO Auto-generated method stub
        logger.info("------ MyWebSocket onOpen ------");
    }


    @Override
    public void onClose(int arg0, String arg1, boolean arg2) {
        // TODO Auto-generated method stub
        logger.info("------ MyWebSocket onClose ------");
    }


    @Override
    public void onError(Exception arg0) {
        // TODO Auto-generated method stub
        logger.info("------ MyWebSocket onError ------");
    }


    @Override
    public void onMessage(String arg0) {
        // TODO Auto-generated method stub
```

```
            logger.info("-------- 接收到服务端数据: " + arg0 + "--------");
    }
}
```

7.3.3 思路抽象

我们尝试对 WebSocket 的功能实现进行总结，并基于总结来分析与当前遇到的场景的相似性。

○ 一对多订阅模式

某个特定的服务对应多个客户端，服务端与客户端之间的逻辑并非是扩展的而是相互独立的，两者通过不同的事件类型进行驱动。

○ 不同阶段不同维度的抽象

一台服务端往往会提供多个 WebSocket 服务，一个服务会有多个客户端逻辑，不同服务与客户端之间的逻辑被高度抽象为几个生命周期状态：open、close、error 等。

如果 WebSocket 单纯采用事件的发布/订阅模式，可能会带来问题。我们分别从服务端视角和客户端视角来看一下。

○ 服务端视角

因为事件的定义具有松耦合、不规范的特性，如果单纯地采用事件发布/订阅模式，那么势必会造成事件类型被大面积定义。这样一来，每个服务都会对应一堆自定义事件并有多个客户端来监听，从而导致维护困难。

○ 客户端视角

从客户端实现的视角来说，基本上主要的事件（例如 open、close、error 等）是需要被共同考虑的，并不具备随意性与挑选性。相反，如果漏掉某些事件不进行处理反而会产生问题。

171

所以，WebSocket 在构建时采用了事件协议化的模式：

○　以生命周期为维度，抽象出服务在不同阶段的事件定义，并整合为协议骨架；

○　客户端在对接时使用类似于模板方法模式的概念，依赖于预定义好的协议模板进行个性化内容对接；

○　建立服务端与客户端的专属通道，每个通道传递对应的事件类型并进行分发。

这样做带来了如下好处：

○　事件的定义被规范化，屏蔽了事件定义随意性的缺点，不会造成事件定义的泛滥；

○　事件模板化并覆盖整个生命周期，用户只需一次对接，免去了对不同事件监听的大量工作量，同时逻辑更为聚焦；

○　客户端与服务端之间在事件分发时，以特定需求建立通道，避免相互影响以及入侵。

WebSocket 通信的图形化表示如图 7-7 所示。

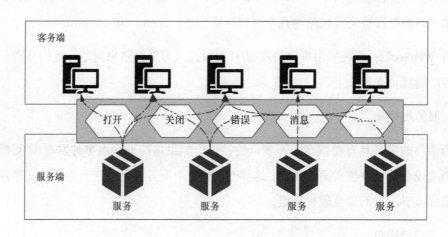

图 7-7　服务端与客户端的多对多通信

下面尝试从 WebSocket 的使用方式上来抽象它的设计与使用场景。

○　基于事件的发布/订阅模式。

○ 事件之间具备关联性，例如可以贯穿生命周期。

○ 在客户订阅事件时，相关联的事件一般会被打包订阅。

结合本章遇到的问题进行设计方案的抽象，如图 7-8 所示。

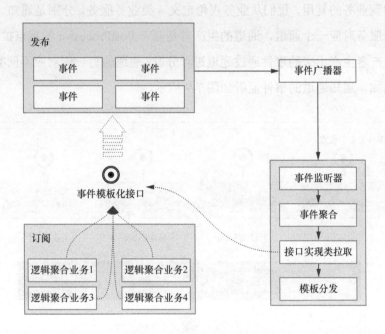

图 7-8　事件协议化聚合

图 7-8 所示的方案所带来的好处如下所示。

○ 从事件的发布视角：事件保持松散，后期随着业务需求的变更，可持续添加事件。

○ 从事件的订阅视角：需要的事件被标准化以及固化下来，可以批量实现与感知。

○ 从扩展视角：后续如果有调整，可以从订阅的事件中拿到相应事件并封到新的
API 中进行扩展。

所以，图 7-8 中的设计做到了发布视角的松耦合与订阅视角的高内聚。

7.4　问题优化

基于对 WebSocket 的分析与抽象，我们尝试按照设计思路对遇到的问题进行优化。

首先考虑到业务的复用，我们从业务视角定义 4 类业务服务，分别是通知、推广、订阅、和统计。每个服务对应一个通道，通道的生产者是基于 PostProcessor 扩展点扩展出来的类，通道的事件生产者生产出来的事件通过通道进行分发，通道的另一侧对应不同类型事件的监听与处理。例如，通知通道的事件监听如图 7-9 所示。

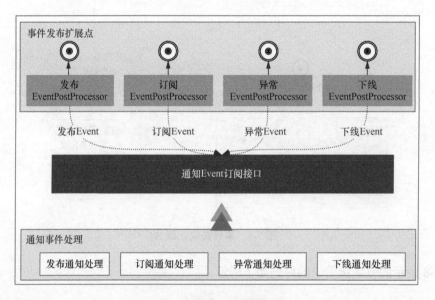

图 7-9　通知通道的事件监听

从实现上来看，我们将场景分为事件的发布和订阅两个视角。下面具体来看一下。

7.4.1　生产者视角

首先定义公共的事件接口。代码如下所示：

定义公共事件接口

```
public interface Event {}
```

基于公共事件接口定义不同场景的业务子事件，具体分为发布事件、订阅事件、下线事件、异常事件。相关代码如下所示：

定义发布事件

```
@Data
public class PublishEvent implements Event {
    private UserInfo publishUser;
    private String contentKey;
}
```

定义订阅事件

```
@Data
public class BookEvent implements Event {
    private UserInfo bookUser;
    private String contentKey;
}
```

定义下线事件

```
@Data
public class OfflineEvent implements Event {
    private String contentKey;
    private UserInfo publishUser;
}
```

定义异常事件

```
@Data
public class ErrorEvent implements Event {


    private String contentKey;

    private String errorCode;

    private String errormsg;


    /**

     * 业务异常阶段

     */

    private String bizStage;

}
```

基于定义的事件构建事件发布器，用于封装事件发布逻辑并对外透出。代码如下所示：

事件发布器

```
@Slf4j
@Component
public class EventMulticaster {

    public void publishEvent(Event event){
        List<EventListener> eventListenerList= ApplicationContextUtil.
        getBeansOfType (EventListener.class);


        if(CollectionUtils.isEmpty(eventListenerList)){
            return;
        }


        eventListenerList.forEach(eventListener -> {
            try {
```

```
            eventListener.handleEvent(event);
        }catch (Exception e){
            log.error(e.getMessage(),e);
        }


    });
  }
}
```

最后，基于原有的 PipeLine 与 Valve 模式，对 Valve 进行扩展，将事件的发布和订阅通过扩展点接入（这里只演示了文本上线时，针对上线事件的封装与发布）。

文本上线事件 Valve

```
@Component
public class ResultEventPublishValidateValve extends  ValidateValve {

    @Autowired
    private EventMulticaster eventMulticaster;
    //调整到最小并确保放到最后，这样才能获取到最终执行结果
    public   int getPriprity(){
        return Integer.MIN_VALUE;
    }


    @Override
    public void invoke(ValveContext valveContext) {

        ValidateValveContext validateValveContext= (ValidateValveContext)valveContext;


        RenderBO renderBO= (RenderBO)valveContext.getContextMap().get("renderBO");
```

```
        if(!validateValveContext.isPass()){

            PublishEvent publishEvent=new PublishEvent();

            publishEvent.setPublishUser(renderBO.getPublishUser());

            publishEvent.setContentKey(renderBO.getText());


            eventMulticaster.publishEvent(publishEvent);

        }

    }

}
```

事件封装与发布的整体逻辑的图形化展示如图 7-10 所示。

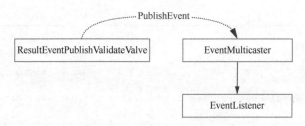

图 7-10　事件的封装与发布

7.4.2　消费者视角

从消费者视角来看，主要的逻辑是基于事件的订阅进行 API 化模板的封装，屏蔽过多不需要感知的逻辑，以便用户快速接入。

首先定义基础的事件监听接口，所有的事件通过该接口被订阅：

定义基础事件监听接口

```
public interface EventListener<T extends Event> {

    public void handleEvent(T event);

}
```

与之前通用的事件订阅模式不同的是，事件在订阅后并不是直接下发给客户端，而是基于特定场景做了一层模板化封装。

例如，按照当前示例中的场景，我们可以抽象出文本内容的生命周期模板接口，期望的效果是用户只感知并对接这个生命周期接口，且一次性完成对接即可，而无须处理大量的分散化的处理事件订阅逻辑。

这个过程主要分为两步。

1. 模板化接口的定义与封装

将这些事件可以整合成一个生命周期，并定义生命周期响应 API。相关代码如下所示：

生命周期接口定义

```java
public interface LifeCycle {


    //发布、订阅、异常、下线

    public void onPublish(PublishEvent publishEvent);

    public void onBook(BookEvent bookEvent);

    public void onError(ErrorEvent errorEvent);

    public void onOffline(OfflineEvent offlineEvent);

}
```

2. 基于接口定义进行事件筛选与分发

相关代码如下所示：

模板化接口的封装与事件的分发

```java
@Component
public class LifeCycleDispatcher implements EventListener {


    @Override
```

```
    public void handleEvent(Event event) {

        List<NoticeLifeCycle> contentLifeCyclelist=
ApplicationContextUtil.getbeansOfType(NoticeLifeCycle.class);

        if(CollectionUtils.isEmpty(contentLifeCyclelist)){
            return;
        }

        if(event instanceof PublishEvent){
            contentLifeCyclelist.forEach(Lifecycle->{
                Lifecycle.onPublish((PublishEvent)event);
            });
        }

        if(event instanceof BookEvent){
            contentLifeCyclelist.forEach(Lifecycle->{
                Lifecycle.onBook((BookEvent)event);
            });
        }

        if(event instanceof ErrorEvent){
            contentLifeCyclelist.forEach(Lifecycle->{
                Lifecycle.onError((ErrorEvent)event);
            });
        }

        if(event instanceof OfflineEvent){
            contentLifeCyclelist.forEach(Lifecycle->{
```

```
                Lifecycle.onOffline((OfflineEvent)event);
            });
        }


    }
}
```

在上面的代码实现中，基于业务接口封装事件并重新组织。以通知场景为例，需要在上线、发布、下线、异常等各个阶段进行有效的信息通知，那么可以通过实现 LifeCycle 接口并在模板中接入信息通知逻辑。相关代码如下所示：

事件模板化接口的应用

```
@Component
public class NoticeLifeCycle implements LifeCycle {
    @Override
    public void onPublish(PublishEvent publishEvent) {
        //doSomething
    }


    @Override
    public void onBook(BookEvent bookEvent) {
        //doSomething
    }


    @Override
    public void onError(ErrorEvent errorEvent) {
        //doSomething
    }


    @Override
    public void onOffline(OfflineEvent offlineEvent) {
```

```
                //doSomething
    }
}
```

基于事件的定义、事件生产者和消费者的全局类图如图 7-11 所示。

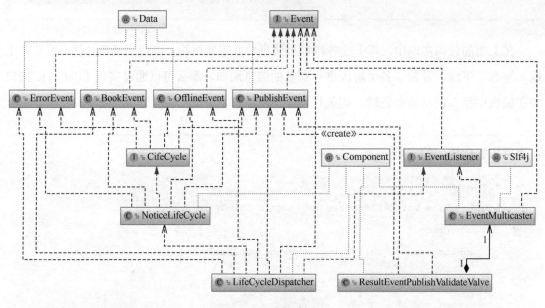

图 7-11　全局类图

当然，业务的变更在后期是无法避免的。现有的设计模式可保证服务端事件生产者的松耦合与高度扩展，以及客户端模板化封装与对接的紧奏性。当需要新的业务模板时，可以重新实现 XXDisPatcher 与 XX 事件模板，然后进行封装，以实现对事件的重新组织，以及对被监听者的无缝感知。

7.5　总结

本章通过分析 WebSocket 的使用方式，抽象出事件模板化的设计模式，并基于抽象出的设计解决了 7.1 节的示例场景中遇到的问题。

在 7.1 节的示例场景中，通过 LifeCycle 接口定义业务生命周期并整合离散的事件，完成业务闭环，免去了过多事件的多次监听与处理，使得业务实现以及关注点更为聚焦、紧凑，方便维护。

同时，后续业务生命周期发生变更，需要整合更多其他事件或者调整当前事件时，可以基于现有的事件重新组织，重新实现 XXDisPatcher 与 XX 事件模板，通过 XXDisPatcher 进行新的事件筛选与分发，实现对事件的重新组织，以及对被监听者的无缝感知。

这种对事件进行封装的模式，可以实现事件生产者的松散化与高度扩展、业务接入的紧凑化、API 模板化，以及不同业务场景不同模板的扩展能力。

第 8 章
基于 Reactor 模式的系统优化

8.1 抛出问题

前面的章节讲到，我们在设计内容检测和消息通知时，大量地依赖于外部服务，而且为了保障所依赖的外部服务的稳定性，还特意设计了一层防腐层。同时，我们也对外提供服务以供其他开发部门进行二次开发。

然而，随着访问量逐渐加大，问题开始显现：性能跟不上、经常出现接口超时等现象。经过排查得知，原因是大量外部依赖接口的响应较慢。这种"响应慢"并不是抖动，就是单纯的响应较慢，并因此出现橙色预警。而且，依赖方表示暂时无法通过优化来降低响应时间，如图 8-1 所示。

由于依赖的服务响应比较慢，这导致大量的请求线程进入阻塞状态，以等待远程服务的响应（见图 8-2）。然而，线程又是非常宝贵的资源，这就导致从机器视角来看，CPU 的利用率极低，而且系统的吞吐量也不高。

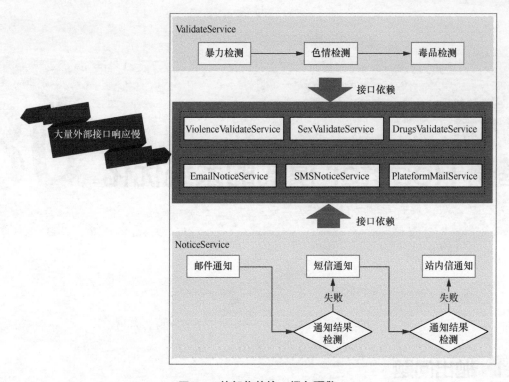

图 8-1 外部依赖接口橙色预警

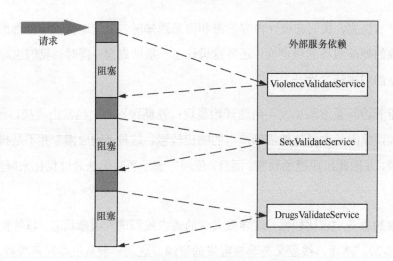

图 8-2 外部请求慢导致线程持续阻塞

8.2 问题分析

基于上面的问题原因分析（即系统有大量的外部依赖且每个依赖的服务响应都很慢，最终导致系统吞吐率极低），张三给出了几个常规的解决方案。

8.2.1 加机器

加机器或许是能快速提高系统吞吐量并且行之有效的办法，但是这并没有解决本质的问题，因为大量的线程仍在阻塞，CPP 的利用率仍然很低，单机的吞吐量仍然有限。所以，作为一位合格的架构师来说，将每台服务器的性能发挥到极致才能体现他的技术优势，而不是单纯地加机器，造成不必要的资源浪费。

8.2.2 串行调用改为并发调用

在进行内容检测时，是逐个检查并逐个替换。例如，有这样一段文本"aa111bbb222cccc333"。假设"aa""bbb"和"cccc"是敏感词，那么接口在检测到这些敏感词（无论多少个字符）后会将其替换为固定长度的"XX"。例如，第一个接口检测到敏感词"aa"并进行替换，文本变为"XX111bbb222cccc333"，然后将替换后的结果作为入参继续替换，所以在业务上存在串行性质。

消息通知功能也是逐一发送，且一旦成功，就不再向下推送，而且最坏的结果是重复发送 3 次，如果失败则采用兜底方案。

所以，在当前的业务场景中，将串行调用改为并发的方案来提高系统吞吐量并不是很适合。

8.2.3　预处理

提前处理相关的数据，以便尽量简化调用时的计算量。但是，由于数据量太庞大且数据偏向于实时性，所以预处理的方案并不太适合。

那么，还有没有更好的设计方案呢？

或许可以从 Netty 的设计中找到答案。

8.3　Netty 中的 Reactor 模式

提到 Netty，就不得不提 BIO（同步阻塞 IO）与 NIO（同步非阻塞 IO），Netty 之所以能够很高效，本质上就是将 NIO 的底层能力与自己的设计结合起来，从而使得性能达到了极致。

在介绍 Netty 的 BIO 与 NIO 机制之前，我们先看一下 Netty 是什么。

8.3.1　Netty 概述

Netty 是一个异步事件驱动的网络应用框架，用于快速开发可维护的高性能协议服务器和客户端。Netty 对 JDK 自带的 NIO 的 API 进行了封装，具有如下主要特点。

- 设计优雅，适用于各种传输类型的统一 API 阻塞和非阻塞 Socket；基于灵活且可扩展的事件模型，可以清晰地分离关注点；高度可定制的线程模型——单线程，有一个或多个线程池；真正地支持无连接数据报 Socket（自 Netty 3.1 版本起）。

- 使用方便，且具有详细记录的 javadoc、用户指南和示例；没有其他依赖项，使用 JDK 5（Netty 3.x）或 JDK 6（Netty 4.x）就足够了。

- 高性能、高吞吐量、低延迟；能有效降低资源的消耗；将不必要的内存复制最小化。

○ 安全、完整的 SSL/TLS 和 STARTTLS 支持。

○ 社区活跃，版本迭代周期短，发现的 Bug 可以被及时修复，同时会加入更多的新功能。

Netty 的 IO 线程 NioEventLoop 聚合了多路复用器 Selector，因此可以同时并发处理成百上千个客户端连接。当线程通过某客户端的 Socket 通道读写数据时，若没有数据可用，该线程可以进行其他任务。线程通常将非阻塞 IO 的空闲时间用于在其他通道上执行 IO 操作，所以单个线程也可以管理多个输入和输出通道。由于读写操作都是非阻塞的，这就可以充分提升 IO 线程的运行效率，避免因频繁的 IO 阻塞导致的线程挂起。

一个 IO 线程可以并发处理 N 个客户端的连接和读写操作，这从根本上解决了传统同步阻塞 IO 的"一连接对应一线程"模型，Netty 框架的性能、弹性伸缩能力和可靠性都得到了极大的提升。

8.3.2　BIO 与 NIO

前面提到，Netty 是一个异步事件驱动的框架，它的高性能主要来自于其 IO 模型和线程处理模型。IO 模型决定了如何收发数据，线程处理模型决定了如何处理数据。用什么样的通道将数据发送给对方，是 BIO、NIO 还是 AIO（异步非阻塞 IO）？IO 模型在很大程度上决定了 Netty 框架的性能。

1. BIO

在操作系统层面，在调用一个 IO 函数时，如果没有获取到数据，就会一直等待。在等待的过程中会导致整个应用程序一直处于阻塞过程，无法去做其他的实现，如图 8-3 所示。

基于底层能力的限制，系统上层的设计通常就是服务端在 while 循环中调用 accept 方法，以等待接收客户端的连接请求。一旦接收到连接请求，就可以建立通信 Socket 并在这个通信 Socket 上进行读写操作。此时，服务端不能再接收其他客户端的连接请求，直到当前连接的客户端的操作执行完成。

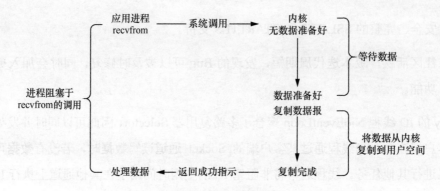

图 8-3　BIO 系统内核

要想让 BIO 能同时处理多个客户端请求，就必须使用多线程，即每次调用 accept 方法时进入阻塞状态，等待来自客户端的请求，一旦收到连接请求，就建立通信 Socket，并开启一个新的线程来处理这个 Socket 的数据读写请求，然后立刻又继续调用 accept 方法，等待其他客户端的连接请求。也就是说，需要为每一个客户端的连接请求创建一个线程来单独处理，其大概原理如图 8-4 所示。

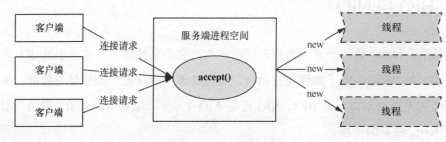

图 8-4　BIO 请求处理

基于 BIO 能力的设计具备如下不足之处。

○ 每个请求都需要独立的线程来完成数据读写的完整操作问题。

○ 当并发数量较大时，需要创建大量的线程来处理连接，因此系统资源的占用较多。

○ 连接建立后，如果当前线程暂时没有数据可读，则线程就阻塞在读操作上，从而造成线程资源的浪费。

2. NIO

在操作系统层面，NIO 会用到 select 函数。这个函数也会使进程阻塞，但是与 BIO 不同的是，这个函数可以同时阻塞多个 IO 操作，而且可以同时对多个读操作、多个写操作的 IO 函数进行检测，直到有数据可读或可写时，才真正调用 IO 操作函数，如图 8-5 所示。

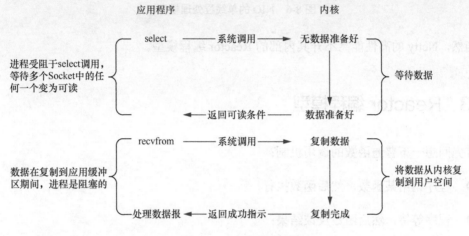

图 8-5　NIO 复用模型

在上层的应用层实现中，关键是采用了事件驱动的思想实现了一个多路转换器。NIO 与 BIO 最大的区别就是，NIO 只需要开启一个线程就可以处理来自多个客户端的 IO 事件，这背后就用到了多路复用器。通过多路复用器来封装底层 NIO 的能力，可以监听来自多个客户端的 IO 事件。

- 若服务端监听到来自客户端的连接请求，便为其建立通信 Socket（在 Java 中就是通道），然后继续监听；若同时有多个客户端的连接请求到来，服务端也可以全部接收，并依次为它们都建立通信 Socket。

- 若服务端监听到已经建立通信 Socket 的客户端发送来的数据，就会调用对应接口处理接收到的数据；若同时有多个客户端发来数据，服务端也可以依次进行处理。

- 服务端在监听多个客户端的连接请求、接收多个客户端的数据请求的同时，还能监听自己是否有数据要发送。

NIO 的单线程处理模型如图 8-6 所示。

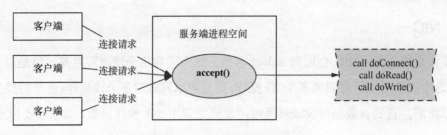

图 8-6　NIO 的单线程处理模型

当然，Netty 的高性能离不开其内部的 Reactor 编程模型。

8.3.3　Reactor 编程模型

首先回想一下普通函数的调用机制：

○　程序调用某函数，然后函数执行；

○　程序等待，然后函数反馈结果；

○　控制权返回给程序，然后程序继续处理。

Reactor 编程模型与普通函数调用的不同之处在于，应用程序不是主动调用某个 API 完成处理，相反，应用程序需要提供相应的接口并将其注册到 Reactor 上。如果相应的事件发生，Reactor 将主动调用应用程序注册的接口，因此这些接口又称为"回调函数"。Reactor 编程模型的机制如图 8-7 所示。

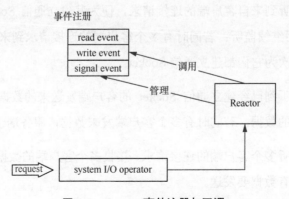

图 8-7　Reactor 事件注册与回调

对于某个场景来说，如果它依赖的服务具有不确定的完成时间，基于主动回调的事件机制尤其有用，这会让调用方避免浪费大量的资源进行等待或者轮询。

对于 Reactor 编程模型来说，有两个大的部分组成：事件驱动模型和事件循环器。

1. 事件驱动模型

在 Netty 中，所有的操作都通过事件封装，并基于事件模式进行通知。这是 Netty 的灵魂。可见，Netty 离不开事件驱动模型的设计模式。

通常，在设计一个事件处理模型的程序时，有下面这两种思路。

○ 轮询方式：线程不断轮询访问相关事件的发生源，确认是否发生了事件，如果发生了，就调用事件处理逻辑。

○ 事件驱动方式：发生事件后，主线程把事件放入事件队列，然后其他线程不断循环消费事件队列中的事件，调用事件对应的处理逻辑来处理事件。

事件驱动方式也称为消息通知方式，其思路与设计模式中的观察者模式相同。

相对于传统的轮询方式，事件驱动方式具有如下优点。

○ 分布式的异步架构，可扩展性好，事件处理器之间高度解耦，可以方便扩展事件处理逻辑。

○ 高性能，基于队列暂存事件，能方便并行异步处理事件。

事件驱动的设计主要包括 4 个基本组件。

○ 事件队列（Event Queue）：接收事件的入口，用于存储待处理事件。

○ 事件分发器（Event Mediator）：将不同的事件分发到不同的业务逻辑单元。

○ 事件通道（Event Channel）：分发器与事件处理器之间的沟通渠道。

○ 事件处理器（Event Processor）：实现业务逻辑，在处理完成后会发出事件，以触发下一步操作。

这里引用事件驱动模型解释图（见图 8-8）向读者进行清晰的展示。

服务端程序处理传入的多路请求，并将它们同步分发给请求对应的处理线程，这在 Netty 中就是基于事件驱动模型的设计，整体的设计如图 8-9 所示。

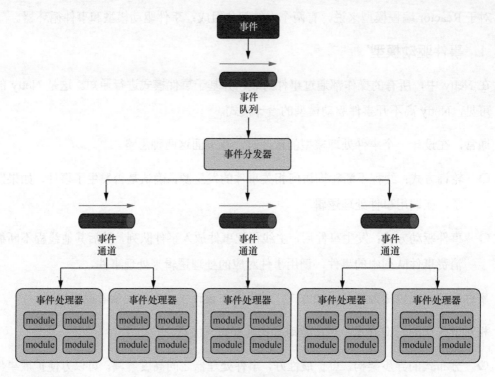

图 8-8　事件驱动模型

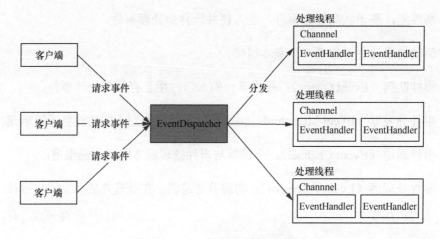

图 8-9　Netty 事件驱动模型的设计

2. 事件循环器

事件循环器（Event Loop）对应图 8-9 中的 EventDispatcher，是一个程序结构，用于等待和分发事件。事件驱动编程的代码核心就是事件循环器。

简单来说，就是在程序中设置两个线程：一个负责程序本身的运行，称为主线程；另一个负责主线程与其他进程（主要是各种 IO 操作）的通信，被称为 Event Loop 线程。

我们通过一个示例来描述这种设计带来的好处。

在图 8-10 中，主线程的深色部分表示运行时间，浅色部分表示空闲时间。每当遇到 IO 时，主线程就让 Event Loop 线程去通知相应的 IO 程序，然后继续行下运行，所以不存在等待时间。等 IO 程序完成操作后，Event Loop 线程再把结果返回主线程。主线程然后调用事先设定的回调函数，完成整个任务。

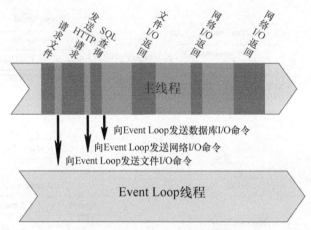

图 8-10　Event Loop 与主线程

可以看到，由于多出了浅色的空闲时间，所以主线程可以运行更多的任务，这就提高了效率。

Netty 在内部构建了事件循环器 NioEventLoop。一个 NioEventLoop 聚合了一个多路复用器 Selector，NioEventLoop 依赖于底层操作系统中的 NIO 模型，能够实现 Worker 主流程的最大化利用；而多路复用器 Selector 通过很少的线程阻塞并监听 IO 响应，可以达到应用层资源的最大化利用。通过这种设计可以处理成百上千个客户端连接。

图 8-11 所示为事件循环器的工作示例。其中，事件循环器不断接收来自客户端（Client）

的请求，然后把请求转交给注册了某类事件的工作线程（Worker）来处理。

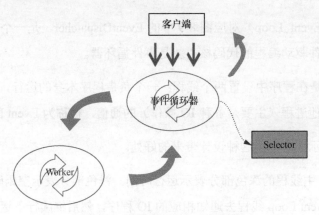

图 8-11　事件循环器与工作线程

结合事件驱动模型与事件循环器，可以得到完整的 Reactor 编程模型，如图 8-12 所示。

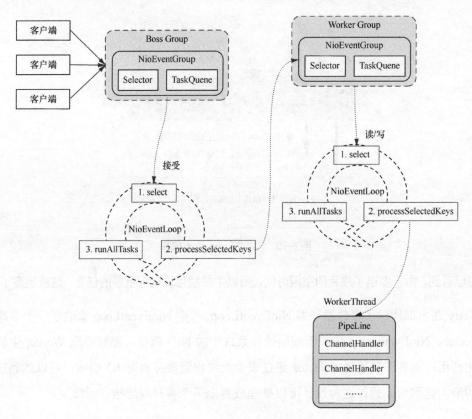

图 8-12　Reactor 编程模型

在 Reactor 编程模型下，BossGroup 专门负责新客户端的连接操作，并建立通道（Channel，即图 8-12 中的环），然后将一定事件内的 Channel 注册到另外一个 WorkerGroup。WorkerGroup 负责将客户端的读写请求交给线程池 WorkerThread 处理。这样一来，即使几十万个请求同时到来也能轻松应对了。

8.3.4　思路抽象

现在基于对 Netty 的理解与 8.1 节中抛出的问题进行思路抽象：在系统面临长期阻塞的情况时，这种阻塞可能来自系统文件读取、远程调用等，我们需要尽可能地将这种同步阻塞设计为异步调用。

在处理这种异步调用时，将同步调用以事件化的形式进行拆解（基于事件循环器的思路进行拆分），以保证主流程的持续性，如图 8-13 所示。

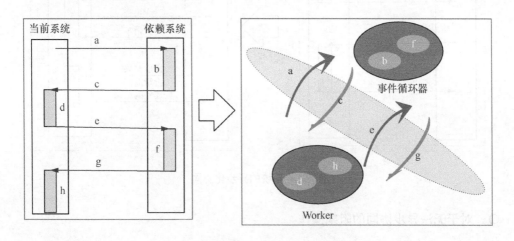

图 8-13　将同步调用进行拆解

通过上述方式将同步的请求调用流拆解为碎片化的原子调用，并同时与事件驱动关联，可保证计算资源与线程资源的合理应用，避免大面积的线程阻塞。

对于阻塞的部分，可通过 Event Loop 机制进行隔离并单独解决。

○　对于原生阻塞

通过直接利用操作系统的 NIO/AIO 能力、基于底层提供的 API，可以使得一个或者少量的线程就可以处理大量的阻塞，以提高线程资源的利用率。

○　对于远程系统调用

在很多情况下，系统之间如果是直接调用 RPC，则很难使用 NIO 这种原生的方式去进行系统级优化。此时，可以尝试模拟操作系统的 NIO 机制：协同上游系统，通过上游的异步化，以及下游的批量捞取结果，同样可以达到"少量的线程就可以处理大量的阻塞"的目的，从而提高线程资源的利用率，如图 8-14 所示。

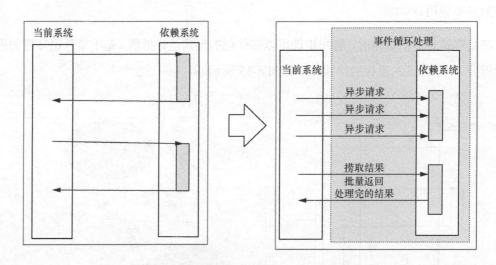

图 8-14　系统的异步化协同

○　对于无法异步协同的阻塞操作

在很多情况下，由于系统的历史原因以及综合因素，上游系统可能无法配合下游系统进行异步化改造。例如，当我们在进行数据分析时，会遇到大数据量以及复杂 SQL 语句的情况，而且很多情况下响应时间都在 5s 以上。但是，我们也没有办法要求数据库提供商提供异步响应机制。这时，可以考虑独立部署一个阻塞请求网关代理，并加大它的线程池数量，如图 8-15 所示。由于大部分线程都是 IO 操作，CPU 的利用率极低，所以可以打开许多线程来增加吞吐量。而且，由于将阻塞请求独立出来，因此也并不会影响原有的其他计算线程。

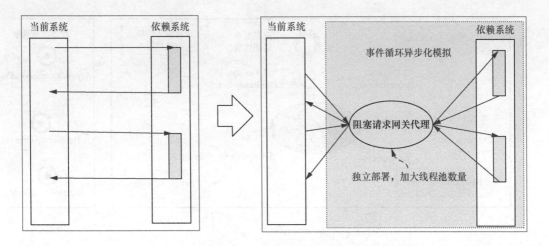

图 8-15 代理网关模拟异步化

8.4 问题优化

8.4.1 方案设计

基于对 Netty 的分析与理解，我们尝试抽象了 Netty 的设计思路。本节基于 Netty 的设计思路，再结合本章示例中遇到的问题进行框架设计，来解决远程调用过程中遇到的阻塞问题。首先针对具有高响应时间的远程服务调用，给出优化后的整体设计方案，如图 8-16 所示。

在图 8-16 所示的 Reactor 框架中，做了如下几部分的工作。

❑ 将远程服务调用拆分为 3 个部分：远程调用的前置化处理、远程调用请求、远程调用的后置化处理。

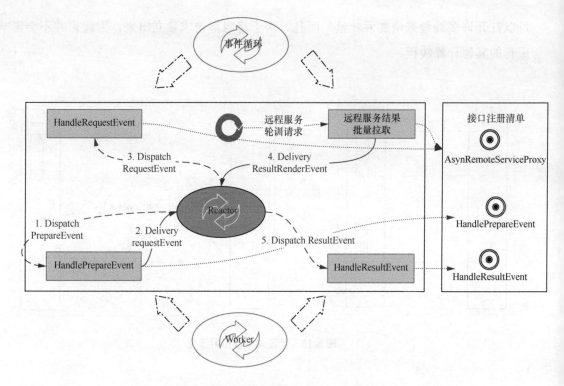

图 8-16　用来优化远程服务调用的 Reactor 框架设计

- 通过事件监听机制将上述 3 部分串联。

- 对外透出 3 个封装后的接口，供特定事件的业务用户个性化处理逻辑的注册。

- 对用于不同场景的事件处理的请求线程与工作线程进行区分。

由于本章示例中的场景涉及多个远程服务的协同，所以在该场景中需要多个 Reactor 的串联，并基于远程调用服务的 Reactor 框架对远程服务的请求与结果进行透出。

- 对请求进行透出

基于抽象的远程服务的 Reactor 框架注册接口清单，实现不同的远程服务 Reactor，并基于前置化处理和后置化处理实现不同 Reactor 的串联，最后将结果发送到结果队列。

- 对结果进行透出

用户基于请求的异步 ID 来轮询结果队列，直到获取处理结果。

多远程服务聚合模型如图 8-17 所示。

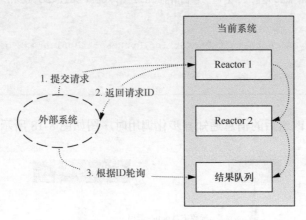

图 8-17　多远程服务聚合模型

通过以上的方式来隔离计算逻辑与阻塞逻辑，可在高并发情况下增大系统的吞吐量。

8.4.2　代码优化

为了简化，我们使用远程信息通知作为示例，并将上游接口更为异步化接口，相关代码如下：

异步化接口

```
public interface RemoteNoticeService {

    /**
     * 远程调用，返回调用 callId，用户后期可以根据 ID 来与结果关联
     * @param userInfo
     * @param content
     * @return
     */
    public RpcResult<String> notice(ValidateUserInfo userInfo, String content);

    /**
```

```
    *  批量获取当前时间段内处理完成的结果,
    *  @return map 中的 ID 对应远程调用的 callId,RpcResult<Boolean>对应返回结果
    */
   public AsynReceptResult<Map<String,RpcResult<Boolean>>> getResultList();
}
```

基于异步化接口改造后的消息通知异步化调用时序图如图 8-18 所示。

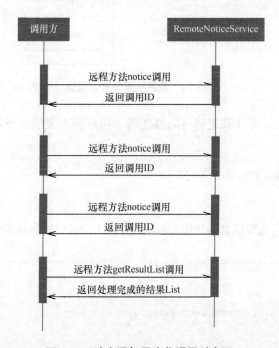

图 8-18　消息通知异步化调用时序图

1．通道的构建

按照设计，远程异步通道分为 3 层：预处理通道、远程服务代理、结果处理通道。所以，这里通过构建通道完成这 3 层的事件处理接口注册（这也就是事件循环最为关键的事件管理功能）。

❑　预处理通道：打印远程调用参数。

❑　远程服务代理：通过实现通道中的远程调用代理接口，将 RemoteNoticeService 的

远程服务进行注册绑定。

○ 结果处理通道：打印远程调用结果并将结果发送到缓存队列。

下面的代码进行了简单演示。如果在生产环境中需要将结果落到集群缓存队列中，调用方可以通过请求 ID 到集群缓存队列中获取处理结果。

远程调用通道的构建

```
/**
 * 构建基于 RemoteNoticeService 远程调用的异步通道，并简单实现结果打印
 * @param remoteNoticeService
 * @return
 */
@Bean
public AsynRemoteChannel remoteNoticeChannel(RemoteNoticeService
remoteNoticeService, NetWorker netWorker, AppWorker appWorker){


    AsynRemoteChannel asynRemoteChannel =new AsynRemoteChannel(appWorker, netWorker);

    //前置处理中的远程调用参数打印
    asynRemoteChannel.addPrepareHandler(
        channelContext -> System.out.println(JSON.toJSONString(channelContext.
        getParamMap())));
    //后置处理中的远程调用结果打印
    asynRemoteChannel.addResultRenderHandler(
        channelContext -> System.out.println(JSON.toJSONString(channelContext.
        getAsynReceptResult())));


    //构建信息通知服务
    AsynRemoteServiceProxy asynRemoteServiceProxy= buildAsynRemoteServiceProxy
(remoteNoticeService);
```

```
        //绑定服务到通道

        asynRemoteChannel.bindRemoteService(asynRemoteServiceProxy);



        //结果放到队列

        asynRemoteChannel.addResultRenderHandler(

            //TODO:这里只做演示，在集群环境下应该为集群缓存

            channelContext -> localCache.put(channelContext.getCallId(), (Boolean)

            channelContext.getAsynReceptResult().getData()));



        //启动通道反应堆

        asynRemoteChannel.start();

        return asynRemoteChannel;



    }


    private static AsynRemoteServiceProxy buildAsynRemoteServiceProxy

    (RemoteNoticeService remoteNoticeService){

        return new AsynRemoteServiceProxy<Boolean>() {

            @Override

            public RpcResult<String> call(ChannelContext channelContext) {

                Map<String, Object> contextMap=channelContext.getParamMap();

                //远程调用

                return  remoteNoticeService.notice( (ValidateUserInfo)contextMap.

                get("userInfo"), (String)contextMap.get("content"));

            }



            @Override

            Public AsynReceptResult<Map<String, RpcResult<Boolean>>> requestReceipt()

{
```

```
        return remoteNoticeService.getResultList();
    }
};
}
```

在上面代码中：

O 通过入参 NetWorker networker 和 AppWorker appWorker 注册了两个全局线程池，用于进行远程请求的处理与业务处理；

O 将远程代理类封装为标准的代理类，便于后续可被标准化驱动与封装为任务并进行提交；

O 在 AsynRemoteChannel 初始化时启动了反应堆，用于实时检测远程调用结果，一旦有结果返回，便会驱动反应堆进行事件的转换并向上抛出。

异步请求通道的构建如图 8-19 所示。

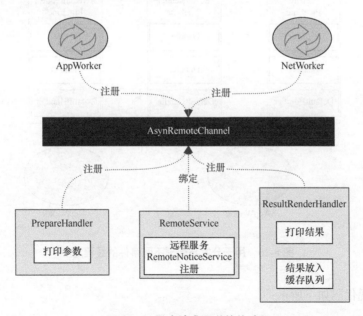

图 8-19　异步请求通道的构建

2. 分发器

构建分发器，将来自于反应堆中的不同事件推送到不同的位置。这里建立 3 个事件的处理线程池，不同的事件被分发到不同的处理线程池中。其中，PrepareEvent 与 ResultRenderEvent 被认为是计算业务，将它们推到计算线程池 AppWorker 中，而 RemoteRequestEvent 则认为是远程请求业务，将其推到 NetWorker 中。每个事件在处理时，都可以使用叠加了 Handler 的 PipeLine 方式。

用于分发与处理不同事件的线程池如图 8-20 所示。

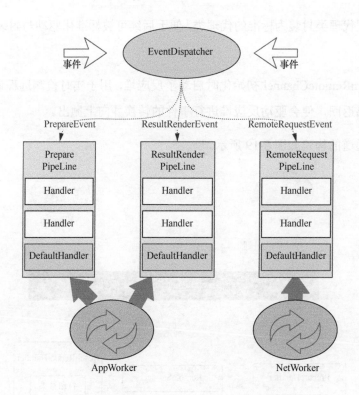

图 8-20　用于分发与处理不同事件的线程池

对应的实现代码如下所示：

分发器实现

```
@Setter
@Getter
public class EventDispatcher {
    private AppWorker appWorker;

    private NetWorker netWorker;

    /**
     * 预处理通道
     */
    private PipeLine preparePipeLine=new PipeLine();

    /**
     * 远程请求通道
     */
    private PipeLine remoteRequestPipeLine=new PipeLine();

    /**
     * 结果渲染通道
     */
    private PipeLine resultRenderPipeLine=new PipeLine();

    public EventDispatcher() {
    }

    public EventDispatcher(AppWorker appWorker, NetWorker netWorker) {
        this.appWorker = appWorker;
        this.netWorker = netWorker;
    }
```

```
//TODO:扩展性设计
public void dispatch(BaseEvent baseEvent){

    if(baseEvent instanceof PrepareEvent){
        //应用线程分发
        appWorker.subTask(() -> {
            walkPipeLine(preparePipeLine,baseEvent);
        });

    }else if(baseEvent instanceof ResultRenderEvent){
        //结果线程分发
        appWorker.subTask(() -> {
            walkPipeLine(resultRenderPipeLine,baseEvent);
        });

    }else if(baseEvent instanceof RemoteRequestEvent){
        netWorker.subTask(()->{
            walkPipeLine(remoteRequestPipeLine,baseEvent);
        });


    }
}


private void walkPipeLine(PipeLine pipeLine, BaseEvent baseEvent){
    pipeLine.getHandlerList().forEach(handler->{
        handler.hande(baseEvent.getChannelContext());
    });

    if(pipeLine.getDefaultHandler()!=null){
        pipeLine.getDefaultHandler().hande(baseEvent.getChannelContext());
    }
}
}
```

3. 反应堆的构建与启动，以及事件的串联

反应堆的启动包含两部分：事件的串联、反应堆启动。下面分别来看一下。

1. 事件的串联。

通过对不同的通道设置用于进行默认处理的 Handler 可实现不同通道的串联。

○ PreparePipeLine 的默认通道抛出 RemoteRequestEvent 事件。

○ RemoteRequestPipeLine 默认实现远程请求，并将上下文暂时记录在缓存中。

○ 在反应堆中批量抓取结果（对应 Reactor 模型中的 Event Loop，且设计为独立线程），
   将结果封装成 ResultRenderEvent 后，继续由 ResultRenderPipeLine 处理。

事件的多通道串联配合流程如图 8-21 所示。

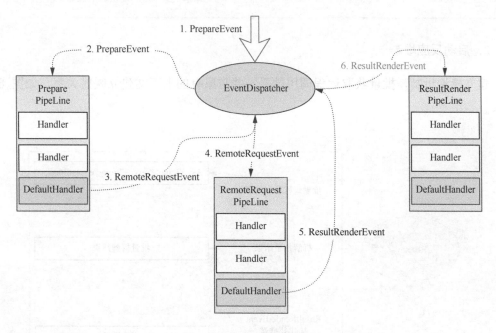

图 8-21　事件的多通道串联

事件的多通道配合与分发的实现代码如下：

事件的多通道配合与分发段

```
//1.预备通道连接远程请求

eventDispatcher.getPreparePipeLine().setDefaultHandler(channelContext -> {

    //预备通道的兜底逻辑是抛出远程调用事件，进行逻辑串联

    eventDispatcher.dispatch(new RemoteRequestEvent(channelContext));

});


//2.远程请求调用，并生成调用结果任务(生产者角色)

eventDispatcher.getRemoteRequestPipeLine().setDefaultHandler(channelContext -> {

    RpcResult<String> rpcResult= asynRemoteServiceProxy.call(channelContext);

    channelContext.setCallId(rpcResult.getData());

    channelContextMap.put(rpcResult.getData(),channelContext);

});
```

2. 启动反应堆。

建立轮询机制，批量获取远程调用结果，并与原有的上下文建立映射关系，如图 8-22 所示。

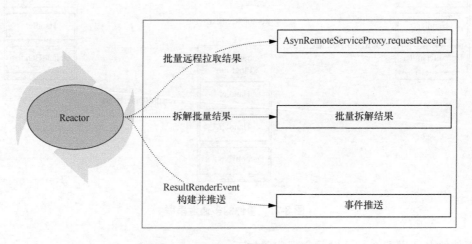

图 8-22　远程结果的轮询与处理

远程异步通道的整体代码如下：

```
AsynRemoteChannel 整体代码
@Slf4j
public class AsynRemoteChannel {

    private EventDispatcher eventDispatcher=new EventDispatcher();

    AsynRemoteServiceProxy asynRemoteServiceProxy;

    private boolean start=false;
    //TODO:生产环境，应该为中心化缓存，否则在分布式下可能会不匹配
    final static Cache<String,ChannelContext> channelContextMap = CacheBuilder.
    newBuilder()
        //设置 cache 的初始大小为 100（要合理设置该值）
        .initialCapacity(100)
        //设置并发数为 5，即同一时间最多只能有 5 个线程向 cache 执行写入操作
        .concurrencyLevel(5)
        //设置 cache 中的数据在写入之后的存活时间为 1s（过期时间）
        .expireAfterWrite(1, TimeUnit.MINUTES)
        //构建 cache 实例
        .build();


    public AsynRemoteChannel() {
    }

    public AsynRemoteChannel(AppWorker appWorker, NetWorker netWorker){
        eventDispatcher.setAppWorker(appWorker);
        eventDispatcher.setNetWorker(netWorker);
    }
```

```
public void bindRemoteService(AsynRemoteServiceProxy remoteServiceProxy){
    this.asynRemoteServiceProxy=remoteServiceProxy;
}



private void startReact() {
    //TODO:疲劳处理

    while (true){
        AsynReceptResult<Map<String,RpcResult<Object>>> asynReceptResult=
        asynRemoteServiceProxy.requestReceipt();

        if(!asynReceptResult.isSuccess()){
            log.error(asynReceptResult.getErrMsg());
            continue;
        }

        if(CollectionUtils.isEmpty(asynReceptResult.getData())){
            continue;
        }

        for(Map.Entry<String,RpcResult<Object>> entry:asynReceptResult.
        getData().entrySet()){

            String callId=entry.getKey();
            ChannelContext storeContext=channelContextMap.getIfPresent(callId);
            if(storeContext==null){
                //结果失去时效性，忽略结果
                continue;
            }
```

```
            channelContextMap.invalidate(callId);


            storeContext.setAsynReceptResult(entry.getValue());

            eventDispatcher.dispatch(new ResultRenderEvent(storeContext));
        }
    }
}



public void start(){
    if(start){
        return;
    }



    //1.预备通道连接远程请求
    eventDispatcher.getPreparePipeLine().setDefaultHandler(channelContext -> {
        //预备通道的兜底逻辑是抛出远程调用事件，进行逻辑串联
        eventDispatcher.dispatch(new RemoteRequestEvent(channelContext));
    });

    //2.远程请求调用，并生成调用结果任务（生产者角色）
    eventDispatcher.getRemoteRequestPipeLine().setDefaultHandler
    (channelContext -> {
        RpcResult<String> rpcResult= asynRemoteServiceProxy.call(channelContext);
        channelContext.setCallId(rpcResult.getData());
        channelContextMap.put(rpcResult.getData(),channelContext);
    });
    Thread eventloop=new Thread(() -> startReact());
    eventloop.start();
    start=true;
```

```
    }



    public AsynRemoteChannel addPrepareHandler(Handler handler){

        eventDispatcher.getPreparePipeLine().getHandlerList().add(handler);

        return this;

    }


    public AsynRemoteChannel addResultRenderHandler(Handler handler){

        eventDispatcher.getResultRenderPipeLine().getHandlerList().add(handler);

        return this;

    }



    public void walk(ChannelContext channelContext) {

        eventDispatcher.dispatch(new PrepareEvent(channelContext));

    }


}
```

4. 通道的驱动

来看下面这个通道封装示例：

```
@Autowired

private AsynRemoteChannel remoteNoticeChannel;


/**

 * 调用的异步封装

 * @param validateUserInfo

 * @param content
```

```
    */
    public void asynNotice(ValidateUserInfo validateUserInfo,String content){
        ChannelContext channelContext=new ChannelContext();
        channelContext.getContextMap().put("userInfo",validateUserInfo);
        channelContext.getContextMap().put("content",content);
        remoteNoticeChannel.walk(channelContext);
    }
```

构建好通道后，在使用通道时要尽量简化。驱动通道的是 Context，通道与 Context 是一对一的关系，通道中保存着 Context 信息。例如，通道中包含每次的调用参数、调用后返回的 ID，以及调用后返回的结果。随着反应堆的推进，这些上下文信息会逐步初始化到 Context 中。

```
    @Data
    public class ChannelContext<T> {
        /**
         * 驱动服务的参数
         */
        private Map<String, Object> paramMap =new HashMap<>();
        /**
         * 上下文参数
         */
        private Map<String, Object> contextMap =new HashMap<>();
        /**
         * 远程调用 ID
         */
        private String callId;

        /**
         * 远程调用结果
         */
```

```
        private RpcResult<T> asynReceptResult;


    }
```

8.5　总结

在系统面临长期阻塞的情况时，这些阻塞可能来自系统文件读取、远程调用等，我们需要尽可能地将这种同步阻塞设计为异步调用。

通过对 Netty 的理解与分析，我们抽象出了远程调用的异步化 Reactor 框架，将同步调用以事件的形式进行拆解（基于事件循环器的思路进行拆分），以保证主流程的持续性。

本章在示例中实现了下述功能。

○　对于远程服务调用说，通过模仿系统 NIO 机制，协同上下游进行异步化改造，将同步请求更改为异步请求并批量捞取结果，使得下游的吞吐量得到极大提升。

○　通过 Reactor 框架的封装，使得原本复杂的异步调用变得简化且具有清晰的逻辑。

○　由于应用类逻辑的处理偏重于短计算，远程调用类逻辑的处理偏重于 IO，因此可通过 Reactor 内部的资源分配逻辑，提供 Event Loop 和 AppWorker 这两种类型的线程池资源，将应用线程池与远程调用线程池分离，保证互不影响。

○　由于通过 Reactor 异步化框架拆解了同步阻塞请求，实现了计算逻辑与阻塞逻辑的隔离，因此用户可以针对阻塞逻辑进行单独处理。

同时，本章提供了不同场景的解决方式，包括原生阻塞场景的处理、远程系统调用场景的处理，以及无法异步协同的阻塞场景的处理。

通过本章介绍的基于 Reactor 的自定义的优化框架，可解决系统阻塞带来的线程阻塞等资源浪费问题，还可以简化异步化调用的复杂性。

第 9 章
代码边界的延伸——善用 SDK
09

9.1　抛出问题

随着业务的发展，我们经常会遇到下面这些常见的问题。

- 面临的请求量太大。尽管服务器的缓存命中率很高，挡住了不少计算量，但是是否有更好的优化方法呢？

- 服务端的计算压力偏大，CPU 利用率持续打满。除了增加机器，还能怎么办？

- 基于接口隔离原则，服务端封装了大量的特定场景的个性化方法，结果造成接口泛滥，难于管理。此时该怎么办？

9.2　问题分析与优化

截至目前，我们接触的对外服务一直都是通过 API 形式提供的，其实还有一种对外服务形式：SDK。

我们先来看看两者的区别。

9.2.1 SDK 与 API 的区别

1. API

API 一般指的是一些预先定义的函数，目的是提供这样一种能力，即应用程序与开发人员可以基于某软件或硬件得以访问一组例程，同时又无须访问源码或理解内部工作机制的细节。

其实，API 就是开发人员已经写好的可以实现特定功能的函数。我们要做的就是根据开发人员提供好的接口（也就是调用它的方法）传入规定的参数，然后这个函数就会实现相应的功能。

2. SDK

SDK 一般指的是软件工程师在为特定的软件包、软件框架、硬件平台、操作系统等开发应用软件时，使用的开发工具的集合。

通俗点来说，SDK 就是指由第三方服务商提供的实现软件产品某项功能的工具包。SDK 相当于很多 API 和其他文件的集合体，可以用来完成某些开发工作。

3. SDK 和 API 的区别

SDK 与 API 具有如下区别。

○ API 是一个具体的函数，具有一个确定的功能。也就是说，它的作用已经明确化（比如做加法）。

○ SDK 类似于很多方法的集合体，是一个工具包。比如我们要进行加法运算，就可以调用 SDK 的加法 API，要进行减法运算就调用减法 API。无论我们想进行什么计算，SDK 中总有相应的实现方法。

- SDK 除了提供完善的接口，还会提供相关的开发环境。而 API 需要的环境则需要开发人员自己提供（比如传参）。

- SDK 相当于一个开发集成工具环境，而 API 就是一个数据接口。开发人员是在 SDK 环境下调用 API（这个 SDK 可以自己配置，也可以下载第三方提供的）。

对于 SDK 的特性，更通俗一点讲就是由服务端提供的运行在客户端环境上的工具包。基于这个特性，SDK 提供商可以通过良好的设计与服务端配合，从而使得性能与设计得到进一步优化。

9.2.2　SDK 可以解决的问题

很多时候，单纯地提供 API 然后期望用户通过本地设计的优化方式，减轻服务器的压力与提高服务器与客户端的响应速度是一个伪命题。例如，期望用户在本地设置缓存、减少重复计算、封装接口等方式来提高响应速度就是一个伪命题，因为我们永远不知道用户的设计习惯。在实际工作中，大部分用户永远认为你的服务器能力是无限的，且你会保障你的服务永远具有最优的响应时间（RT），用户甚至会使用 for 循环来调用你的服务。

所以，通过提供 SDK，可将一部分逻辑前置到客户端，以合理减轻服务器的压力。这样做是非常必要且有效的。

在使用 SDK 时，一般有下面几个考虑方向。

1．减少与服务器的交互次数

这个方向的典型使用场景就是缓存。如果在某个场景中，同一个请求会进行频繁、多次的访问，而且结果在一定时间内保持不变，此时就可以在服务端加上一层缓存来减少计算量。然而，即使缓存命中，即使请求响应时间再短，一次请求也会占用一次服务器的处理资源。在超级大的并发情况下，尤其在"双十一"这样的场景中（此时系统的承受能力持续处于极限状态），这也会带来一定的影响。此时，基于 SDK 的本地缓存就显得非常重要。

通过 SDK 的本地缓存来直接截断对服务器的请求，无论是对于客户端还是对于服务器来说，性能都会有相应的提升。

○ 对于用户：减少网络请求消耗，响应时间更短。

○ 对于服务器：减少线程资源消耗，能够处理更多的业务。

2．将计算本地化来分摊服务器压力

将服务请求中的部分计算前置到客户端，可降低网络传输压力以及中心服务器的计算压力。这听起来有些像边缘计算，但是 SDK 确实可以解决很大的问题。我们来看下面的场景示例。

○ 日志的本地化统计、采集：向服务器传输基于本机维度统计好的最大 RT、最小 RT、成功率等关键指标信息，而不是向服务器传输大量的日志明细数据，可极大减少网络的传输消耗。

○ 返回的对应数据库多行的标准化数据 List<Map<String, Object>> ：需要根据个性化场景将标准化数据转换为 Map<String, List<Object>>，甚至会对标准化数据进行遍历、逐一检查合法性等。这种计算量对 CPU 的消耗比较大，而且偏向于个性化，因此可以考虑放到客户端执行。

3．通过 SDK 的配合遵守接口隔离原则

通常在在设计对外接口的时候，开发人员会有不同的权衡。如果考虑到服务端的维护性、可扩展性以及后续升级的便捷性，一般会将接口设计得足够通用，甚至会使用 Map 来代替参数。但是，这样会给接口的使用带来比较大的挑战，因为接口的定义是不可读的，需要借助于文档来完成接口定义的阅读。

反过来，如果为了方便用户而封装各种场景的接口，以及过度地遵守接口隔离原则，则会让接口变得极为臃肿，使得接口的维护不顺畅。

在这种情况下，或许通过 SDK 端的门户模式配合服务端的通用化接口可取得最佳效果。

○ 服务端提供标准化的、统一的、通用的服务端接口作为兜底 API。

○ 客户端在不同的场景中提供不同的 SDK，从而通过接口进行封装。

这样做的好处是，服务端很容易升级，因为不涉及接口的变化，因此只需要兼容原有逻辑就好。客户端也能够根据不同场景进行独立升级，因此不会对开放的公共接口造成冲击。

9.2.3 SDK 缺点与解决

当然 SDK 也不是万能的，也会存在致命的缺陷，比如升级困难、版本冲突、语言不兼容等。下面分别来看一下。

1. 升级困难

推动客户端进行升级是一件非常头疼的事情，千万不要指望用户会配合我们升级，即使客户端的维护人员有意愿配合我们升级，对老旧系统进行升级也是一件非常有风险的事情。

理想的 SDK 是这样的：一旦被客户端使用，它的升级频率就要非常低；服务端的升级要保持对低版本 SDK 的兼容。

所以，一般在设计 SDK 时要考虑下述事项：

- 尽量放置通用工具类，减少个性化业务逻辑。

- 涉及的配置可允许用户针对适合的场景进行微调。

- 具备一定的可扩展性，逻辑可被用户进行扩展与增强。

2. 版本冲突

一般情况下，过重的 SDK 会导致依赖大量的二方包（即公司内部提供的依赖库），因此很容易与原有系统发生冲突。面对这种情况的处理方式有下面这两种。

- SDK 中更多的是很薄的工具类，一般用作辅助以分担服务器的一些压力，但是一定不要让这些工具类承担主逻辑，也不要引入过多的逻辑以导致二方包过重。

- 与客户端的冲突可以通过引入类隔离容器工具（比如 Pandora 等）来解决。

3. 语言不兼容

尽管现在 Java 的使用范围非常广泛，但是对于通用系统来说，仅仅提供 Java SDK 可能无法覆盖全部场景。因此，需要提供各种语言的 SDK，但是这会给通用系统带来较大的开发量和维护量。

　　针对这种情况，一般需要用到 SideCar（边车）模式。SideCar 模式是一种将应用功能从应用本身剥离出来作为单独进程的方式。该模式允许开发人员以无侵入的方式在应用中添加多种功能，从而避免了"为满足第三方组件需求而向应用添加额外的配置代码"的情况。